鲍鱼腹足吸附性研究及仿生吸盘设计与试验

熙鹏 著

中国纺织出版社有限公司

内 容 提 要

《鲍鱼腹足吸附性研究及仿生吸盘设计与试验》运用工程仿生学的理念，以真空吸盘的发展应用与生物的吸附性以及吸盘的工程仿生设计为研究基础，选取鲍鱼腹足作为仿生原型，首先对鲍鱼腹足的形态及其独特的吸附能力进行了系统而深入的探讨，并借鉴鲍鱼腹足的表面形态创新性地设计了仿生吸盘，旨在提升其吸附和密封性能；同时，结合实验数据和案例分析，验证了鲍鱼腹足吸附性能的卓越以及仿生吸盘设计的有效性。本书融合了生物学、材料学、力学等多个学科知识，通过全面而深入的研究与设计，向高校师生和相关研究人员提供充实的数据和实例参考，以期实现仿生吸盘工业的新发展。

图书在版编目（CIP）数据

鲍鱼腹足吸附性研究及仿生吸盘设计与试验 / 熙鹏著. -- 北京：中国纺织出版社有限公司，2024. 8.
ISBN 978-7-5229-1932-4

Ⅰ.Q959.21；Q811

中国国家版本馆CIP数据核字第2024ZU7185号

责任编辑：向 隽 史 倩　责任校对：寇晨晨
责任印制：储志伟

中国纺织出版社有限公司出版发行
地址：北京市朝阳区百子湾东里A407号楼　邮政编码：100124
销售电话：010—67004422　传真：010—87155801
http://www.c-textilep.com
中国纺织出版社天猫旗舰店
官方微博 http://weibo.com/2119887771
天津千鹤文化传播有限公司印刷　各地新华书店经销
2024年8月第1版第1次印刷
开本：710×1000　1/16　印张：10.5
字数：200千字　定价：98.00元

凡购本书，如有缺页、倒页、脱页，由本社图书营销中心调换

前 言

作为自动化行业中重要的终端执行元件,真空吸盘不但在工业领域中被广泛使用,同时也经常出现在人们的日常生活中。由于真空吸盘的需求量巨大,同时具有应用范围广、使用环境差异巨大的特点,因此如何进一步提高真空吸盘的吸附性能并满足不同行业的实际需求,具有重要的现实意义。为了更好地生存与发展,自然界中的生物通过长时间不断的进化,已经完全适应自身所处的生存环境。其中吸附能力作为很多动物具有的基本能力之一,是保证它们生存的关键。鲍鱼作为常见的水生生物,其腹足具有强大的吸附能力,可以牢固地吸附于水中的岩礁表面。本书基于工程仿生的思想,以鲍鱼腹足作为仿生原型,首先对鲍鱼腹足形态以及吸附能力进行研究,然后根据鲍鱼腹足表面形态设计仿生吸盘,以达到提高真空吸盘吸附及密封性的目的。

本书首先通过显微镜对鲍鱼腹足表面的微观形态进行观察,发现腹足表面由大量垂直于表面的纤维组成。为了分析鲍鱼腹足吸附力中各种力的组成及所占比例,对水生吸附性生物中常见的几种吸附力如真空负压力、范德华力、毛细力的基本作用原理,以及相应的计算方法进行了研究。

同时,设计并加工5种测力板用于鲍鱼吸附性拉伸试验,同时设计并采用3D打印的方法加工制作了用于在试验中将鲍鱼拉起的吊钩。选取质量范围在50~60g的鲍鱼进行拉伸试验,每种测力板进行10次试验。根据试验结果对鲍鱼腹足吸附力的组成以及每种力所占比例进行分析计算。由分析结果可知,鲍鱼腹足吸附力主要由真空负压力和范德华力组成,其中真空负压力所占比例最大,约为总吸附力的60%,范德华力普遍占总吸附力的20%左右,而液桥力仅仅占总吸附力的1%上下。液桥力的主要作用是填补鲍鱼腹足与吸附面之间的缝隙,提高腹足与测力板之间的密封性,从而间接提高腹足的吸附性能。

鲍鱼腹足吸附力中由真空负压所产生的吸附作用主要分为三部分，分别为以鲍鱼腹足整体作为吸盘而产生的吸附作用、鲍鱼腹足局部的真空吸附作用以及腹足与测力板之间由摩擦产生的阻止吸盘收缩变形从而发生泄漏的等效吸附作用。这三种吸附作用产生的吸附力值分别占总真空吸附力值的三分之一左右。选取六种具有不同表面形态的玻璃板作为测力板对鲍鱼进行吸附力试验。由试验结果可知，鲍鱼腹足在具有不同表面粗糙度玻璃板上的吸附力差异不显著，在具有不同表面形态的玻璃板上的吸附力差异显著。当玻璃板表面形态特征本身以及相邻形态之间变化过于迅速，即转角尖锐、棱角过多，鲍鱼腹足难以完全与吸附面形成良好贴附状态，因此吸附力提升不明显。当玻璃板表面形态特征或特征之间变化平缓、转角过渡缓慢，鲍鱼腹足可以与之形成良好的贴附状态，从而提高了鲍鱼腹足在其表面的吸附面积，增大了鲍鱼腹足的吸附力。当鲍鱼腹足吸附在表面具有凹坑形态的玻璃板表面时，腹足与每个小坑形成独立的封闭结构，从而使腹足的吸附力提升显著。

选取工业中实际的真空吸盘作为原型，对标准吸盘进行三维模型的建立，并通过有限元分析软件对其吸附时的底面受力情况进行分析。提取鲍鱼吸附时腹足的形态特征，在标准吸盘底面设计仿生形态。总共设计了16种仿生吸盘，并同样对其进行了有限元分析。由分析结果可知，密封环以及条纹形凹槽结构距吸盘中心的距离对仿生吸盘吸附性的影响较大，而凹槽分布角度与数量对吸盘吸附性的影响较小。其中密封环宽度为1.5mm、条纹凹槽距吸盘中心距离为20mm的仿生吸盘具有较好的吸附性能，仿生8号吸盘的吸附性能最好。

根据标准与仿生吸盘的三维模型设计了用于浇注吸盘的模具，采用3D打印的方法对吸盘模具进行加工制造，并采用浇注的方法得到标准与仿生吸盘实体。设计并搭建了真空吸盘吸附性及密封性检测试验台，对标准吸盘以及仿生吸盘实体进行了吸附性拉伸试验以及密封性试验。由结果可知，仿生8号吸盘具有良好的吸附性能，在40%真空度下，其最大吸附力比标准吸盘提高了5.32%。在吸盘密封性试验中，仿生8号吸盘的泄漏量最小，其泄漏量相对于标准吸盘减小了53.2%。这表明仿生8号吸盘具有良好的吸附及密封性能，并与有限元模拟结果相一致。通过高速摄像机对吸盘从吸附到被拉起的全过程进行了拍摄，由分析可知，阻止吸盘边缘受力发生向内收缩滑动以及吸盘内腔与外界大气相连通是提高吸盘吸附性能的关键。仿生吸盘边缘的环形密封环结构可以有效提高吸盘边缘的密封性能，同时吸盘底面的条纹形凹槽结构在边缘发生挤压隆起时可以为吸盘边缘向内收缩提供更多的空间，减缓吸盘边缘发生相对挤压的程度，降低了由于吸盘边缘发生隆起使吸盘内部与外界相连通的概率，从而提高了仿生吸盘的吸附能力。

在本书的撰写过程中，不仅参阅、引用了很多国内外相关文献资料，而且得到了同事亲朋的鼎力相助，在此一并表示衷心的感谢。由于水平有限，书中疏漏之处在所难免，恳请同行专家以及广大读者批评指正。

熙 鹏

2024年2月

目 录

第1章　绪论   1
    1.1　研究背景及意义   1
    1.2　真空吸盘的研究现状   5
    1.3　工程仿生学的研究现状   10
    1.4　生物吸附性与典型吸附性生物的研究   15
    1.5　仿生吸盘的研究   21
    1.6　主要研究内容   24

第2章　鲍鱼的生物学特性及腹足表面形态研究   25
    2.1　鲍鱼的生物学特性与腹足宏观形态   25
    2.2　鲍鱼腹足的微观形态   28
    2.3　本章小结   34

第3章　生物吸附力的工作原理与计算方法   35
    3.1　引言   35
    3.2　真空吸盘的基本原理及真空负压力计算方法   36
    3.3　毛细力的基本原理及液桥力的计算方法   39
    3.4　范德华力的基本原理及相关计算方法   43
    3.5　本章小结   44

第4章　鲍鱼吸附试验与吸附性分析　45

    4.1　引言　45

    4.2　试验的前期准备　46

    4.3　试验过程与结果　57

    4.4　鲍鱼吸附力中各种力的组成　67

    4.5　腹足吸附力中各种力的组成比例　79

    4.6　鲍鱼在不同表面形态测力板上的吸附　82

    4.7　本章小结　88

第5章　吸盘的仿生设计与有限元模拟分析　91

    5.1　引言　91

    5.2　标准吸盘模型的建立与有限元分析　92

    5.3　仿生吸盘的设计与有限元分析　101

    5.4　吸盘有限元Mises应力结果分析　112

    5.5　本章小结　121

第6章　真空吸盘的吸附及密封试验　123

    6.1　引言　123

    6.2　真空吸盘吸附及密封试验台的搭建　123

    6.3　真空吸盘加工制造　127

    6.4　吸盘的拉伸试验　134

    6.5　吸附力试验结果　135

    6.6　吸盘的密封性试验　137

    6.7　吸盘吸附性能机理分析　138

    6.8　本章小结　141

第7章　结论与展望　143

    7.1　结论　143

7.2	创新点	145
7.3	展望	146

参考文献 **147**

第1章 绪论

1.1 研究背景及意义

早在国家"十三五"规划中就指出要实施智能制造工程,构建新型制造体系,促进新一代机器人、海洋工程装备、电力装备、农机装备等产业发展壮大[1-4]。"十四五"智能制造发展规划旨在加快推动智能制造发展,以工艺、装备为核心,以数据为基础,依托制造单元、车间、工厂、供应链等载体,构建虚实融合、知识驱动、动态优化、安全高效、绿色低碳的智能制造系统。"中国制造2025"中提出要深入推进制造业结构调整,持续推进企业技术改造。支持重点行业、高端产品、关键环节进行技术改造,引导企业采用先进适用技术,优化产品结构,提高企业生产技术水平和效益[5-9]。近年来,随着我国人口红利的不断降低及人工成本的不断提高,企业对提高其生产设备自动化水平的意愿越来越高。因此提升制造体系中装备的自动化水平,改变现有的制造条件及智能化水平,是其中的关键一环[10]。真空吸盘组件作为自动化系统中的常用执行机构,具有应用范围广、适应能力强、工作效率高等优点,是自动化领域中的重要组成部分[11-14]。图1.1为真空吸盘机械手，用于搬运板材等生产工件。图1.2为大型板材吸吊机，适用于吊装质量很大的大型板材。图1.3为真空吸盘搬运车，用于吸附玻璃板等物体，具有移动灵活、使用方便的特点。从图1.1～图1.3可以看出，真空吸盘组件在工业自动化领域具有使用范围广、作业环境兼容高、应用方式多样化等优点，是工业自动化领域必不可少的生产工具。

图1.1　真空吸盘机械手

图1.2　大型板材吸吊机

图1.3 真空吸盘搬运车

真空吸盘组件在其他方面也有着多样化的应用，如目前越来越多的公司和家庭开始接触并使用的擦窗机器人，如图1.4所示。通过内部真空泵抽出吸盘底部空气，从而形成真空负压力，使擦窗机器人能够牢固地吸附在玻璃表面。与擦窗机器人基本原理相同的各种爬墙机器人，如用于清洗大型楼体外侧玻璃幕墙的清洗机器人与清扫大型罐体内外壁的真空爬壁机器人，如图1.5所示。这些机器人可以通过真空吸盘组件稳固地附着在垂直的外墙表面，为进行各种作业活动提供了有力的保障[15-17]。真空吸盘是真空吸附装置中的终端执行元件，是真空吸附装置中与被吸附物体直接发生接触的唯一元件，对最终实现吸盘的吸附起着至关重要的作用。真空吸附装置的附着能力和吸附条件也能通过真空吸盘的实际特征得以具体体现。

图1.4 擦窗机器人　　　　图1.5 真空爬壁机器人

真空吸盘在工业领域的广泛应用使它获得了极大的关注，从而进一步推动真空吸盘向多种类、多功能化的方向发展。但真空吸盘不仅仅在工业领域应用广泛，在民用领域更是人们日常生活中必不可少的用品之一，为人们提供了方便，满足了人们日益多样化的生活需求。如图1.6～图1.8分别为几种生活中常见的真空吸盘。其中，图1.6为生活中的小挂件，通过按压吸盘使其吸附到玻璃上。图1.7为家庭中常用的真空吸盘，在吸附时通过旋转挂钩，使内层吸盘中部向上拉起，形成真空腔从而产生真空负压力，在拉起内层吸盘的同时产生一个压向外层吸盘的力，使外层吸盘边缘紧紧压住内层吸盘边缘，进一步提高吸盘的密封性能。图1.8为按压式真空吸盘，在吸盘底面与吸附面贴附后，通过按压吸盘顶部按钮排出内部空气，由于吸盘内安装有弹簧，在按钮向上回弹的过程中能完成密封并形成真空腔，从而产生吸附力。

图1.6 真空吸盘式装饰物　　图1.7 按压式真空吸盘

图1.8 按压式真空吸盘

由此可知，真空吸盘具有广泛的应用和良好的市场前景，在工业和民用领域的应用已经深刻地改变了人们的生产与生活方式，为社会提供了极大的便利和经济价值，因此受到了越来越多人的关注和重视。近几年，随着我国经济发展水平的大幅度提高，真空吸盘相关产业也迎来了一个良好的发展趋势，创造的经济价值越来越大。因此，为了进一步满足工业生产和人们生活的需要，提高真空吸盘产业的整体水平，研究具有吸附力强、稳定性好、兼容性高、对环境要求低的真空吸盘具有重要的现实意义，也符合国家"十四五"规划和"中国制造2025"中指出的提高我国智能装备水平的要求。

1.2 真空吸盘的研究现状

随着我国经济实力的不断发展及人们生活水平的显著提高，人们对各种商品的需求受到了极大的刺激，从而促进了商品的生产与创新。目前，各个行业都在转变经营思路，将研发与创新作为发展的重中之重，通过不断满足市场需求以维持自身的竞争力，同时使企业得以经营发展。其中真空装备与真空技术也伴随着真空行业的整体发展而取得了极大的进步。真空吸盘作为真空装备中重要的终端执行元件，由于在工业及民用领域得到了广泛应用，它的发展水平随着产业整体的进步而取得了显著提高，满足了市场日益多样化的需求。为了进一步满足行业发展所带来的对真空吸盘越来越高的要求，同时满足市场对真空吸盘产品差异化的需求，广大科研人员对真空吸盘进行了全面而深入的研究，其中以吸盘材料、吸盘结构以及吸盘底面形态为主要研究方向。

1.2.1 真空吸盘材料发展现状

真空设备工作时需要使真空吸盘与被吸附物体表面发生实际接触，从而与被吸附物体表面形成一个相对稳定的密封腔体，并通过真空负压力最终发生吸附。由于吸附时需要保证一定的密封，因此真空吸盘主要采用柔性材料进行制造。基于橡胶产品大多具有致密且柔软的特性，同时具有良好的弹性变形恢复能力以方便重复使用，符合吸盘与被吸附物体表面之间需要形成密封的要求，因此真空吸盘的材料主要为各种橡胶以及在橡胶基础上进行改进合成的橡胶聚合物。真空吸盘的材质主要根据吸附物表面粗糙度大小、使用环境温度、耐油性和耐酸碱性等情况进行选择。目前，真空吸盘常用的材料主要为天然橡胶、丁腈橡胶、硅橡胶、氟橡胶、聚氨酯橡胶、海绵、氯丁橡胶等，每种材质吸盘的使用范围如表1.1所示。其中每种橡胶材料在光滑表面上都具有良好的吸附性能，而在凹凸不平表面上只有硅胶、聚氨酯和海绵具有较好的吸附能力。各种材质真空吸盘的使用温度普遍在-40~100℃这个范围，超过或者低于这个温度的吸盘的吸附性能会发生下降或者完全不能吸附，只有硅胶材质吸盘的使用温度范围较大。吸盘普遍具有良好的耐久性和耐酸碱性以及耐油性，只有聚氨酯材料的吸盘不耐酸碱，而天然橡胶和海绵吸盘的耐油性差[18-20]。

表1.1 真空吸盘的材质选择

条件 \ 材质	天然胶	丁腈胶	氯丁胶	硅胶	聚氨酯	氟胶	海绵
表面光滑的工件	◎	◎	○	○	○	◎	○
表面凹凸不平的工件	×	×	×	○	○	×	○
高温使用上限	80℃	130℃	110℃	280℃	60℃	300℃	120℃
高温使用下限	-40℃	-40℃	-40℃	-70℃	-30℃	-10℃	-50℃
耐久性	○	◎	△	○	○	◎	△
耐酸性	○	○	○	△	×	◎	△
耐碱性	○	○	◎	◎	×	△	○

续表

条件　　材质	天然胶	丁腈胶	氯丁胶	硅胶	聚氨酯	氟胶	海绵
耐油性	×	◎	△	△	○	◎	×

◎：最佳、○：佳、△：良好、×：不好

1.2.2 真空吸盘结构发展现状

近些年来，真空吸盘随着行业整体的发展而发生了巨大变化。产品种类从单一化到多样化，满足了工业和日常生活中对吸盘产品不断提出的新要求。随着时间的推移，真空吸盘产品的种类越来越多。目前，真空吸盘从结构上主要分为标准扁平型、深凹型、海绵型、短波管纹型、长波管纹型、椭圆型、薄物用型、椭圆凹型、喷嘴型等，各类型吸盘如图1.9～图1.17所示，各类吸盘的主要特点与适用范围如表1.2所示。这些真空吸盘由不同材质的橡胶制造而成，在极大地丰富了吸盘种类的同时也基本满足了社会的需求[22-25]。

图1.9 标准扁平型吸盘　　图1.10 深凹型吸盘　　图1.11 海绵型吸盘

图1.12 短波管纹型吸盘　　图1.13 长波管纹型吸盘　　图1.14 椭圆型吸盘

图1.15 薄物用型吸盘　　　　图1.16 椭圆凹型吸盘　　　　图1.17 喷嘴型吸盘

表1.2 不同结构种类真空吸盘的特点与适用范围

吸盘结构类型	结构特点	适用范围
标准扁平型吸盘	无	表面光滑平整和有点弯曲的物体
深凹型吸盘	深凹结构避免工件上的凸起	球形物体和水果等
海绵型吸盘	吸盘底面为海绵材质	表面非常粗糙和不平整的物体（凹凸板、大理石瓷砖）
短波管纹型吸盘	具有一到两个波纹形结构	有高度变化的物体或有些曲面的物体
长波管纹型吸盘	具有多个波纹形结构	有高度差的物体或易碎物体
椭圆型吸盘	外形为长椭圆形	细长形金属板和长方形工件
薄物用型吸盘	内部支撑大，吸盘为薄扁平形	塑料薄膜、纸张、太阳能硅片
椭圆凹型吸盘	底面为凹形椭圆	细长的管状工件或弯曲半径很小的狭长工件
喷嘴型吸盘	快速搬运，直径小，属于微型吸盘	金属薄片，电子元件

1.2.3 真空吸盘底面形态研究现状

当真空吸盘吸附摩擦系数很小的物体时，如光滑或具有较大油性的表面，易导致真空吸盘与吸附表面之间发生相对滑动，使吸盘失效。即使吸盘在垂直于吸附面方向产生的吸附力满足要求，但由于水平方向的摩擦力过小，仍难以满足吸附要求。因此很多设计人员对吸盘底面进行了相关研究，以解决吸盘水平方向上吸附力过小的问题。温州阿尔贝斯气动有限公司设计了多种底面具有花纹状凸起和凹槽的真空吸盘[26-27]，如图1.18所示。这些花纹状凸起和凹槽结构可以显著提高真空吸盘的防滑性能，有效防止油性或光滑表面的金属板材在搬运过程中发生滑动。昆明理工大学的赵艳妮设计了一种多唇边式真空吸盘，这种吸盘的主要特点是底面边缘具有多圈唇边式结构，如图1.19所示。这种结构可以有效提高吸盘的密封性能，使吸盘在有砂眼、凸缘等缺陷表面同样能产生良好的吸附效果[28-29]。

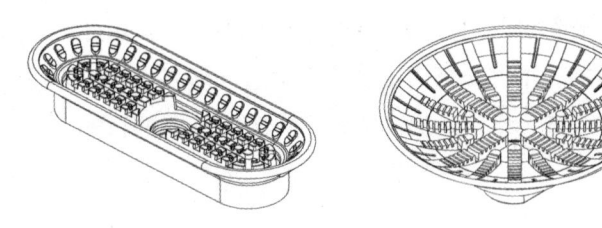

图1.18　具有花纹状凸起和凹槽底面的真空吸盘

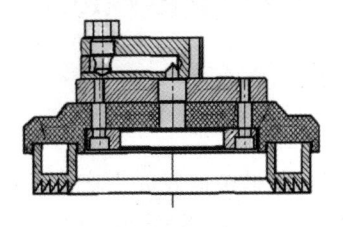

图1.19　多唇边式真空吸盘

1.2.4　课题的来源

真空吸盘行业发展到现在已经比较成熟，吸盘产品的产量、种类和质量都已经取得了不小的进步，基本满足了社会的需求。然而真空吸盘行业还存在着不足,如对吸附表面光滑度要求高,在非光滑表面吸盘易发生泄漏等问题。真空吸盘一旦发生泄漏而失去吸附能力,轻则导致产品脱落发生损坏,造成相关财产损失,重则导致严重的人员伤亡事故。因此如何提高真空吸盘的吸附能力,提高密封性能,降低发生泄漏的可能性,从而进一步提高吸盘的整体性能,是需要重点研究的方向。当前对真空吸盘材料的研究已经基本成型,各种成分橡胶材料的选用可以满足吸盘不同的使用要求,因此从材料改进方面来提高吸盘的性能较为困难。同时,由于真空吸盘现有种类丰富,结构各异,但吸盘的基本结构已经定型,因此也很难从结构方面对其进行较为新颖的创新以提高吸盘的吸附性能。

目前,对真空吸盘底面形态的研究较少,同时采用传统改进材料、结构来提高真空吸盘吸附性能的方法实际效果也相当有限,因此需要新的方法提高吸盘的吸附性能。本书拟采用工程仿生学这一新兴学科的思想,通过对吸盘底面形态进行改进,以达到提高吸盘整体吸附性能的目的。

1.3 工程仿生学的研究现状

仿生学是生物学与技术科学快速发展中产生的一门新兴交叉学科。该学科向自然学习、借鉴自然解决实际问题的思想已经得到了广泛认可。在漫长的岁月里,生物根据自身所处的自然环境的变化而发生改变,以适应生存环境。因此生物个体和种群的优良特性远远超过人们目前的认知水平。仿生学的主要目的是通过对生物进行研究以深入了解它们某些方面的优良特性,并为人所用、造福人类。工程仿生学是面向工程、适应工程需要的仿生学,是仿生学与工程科学的交叉。目前,工程仿生学是仿生学中发展最迅速、成果最多、受到需求最迫切的一个分支。由于传统的工程技术革新手段已经发展到相当高的水平,而工程仿生学是20世纪60年代才刚刚提出的,仅仅处于发展的初期阶段,因此具有极大的发展潜力[30-37]。工程仿生学为解决当前工程技术面临的难题提供了一种新思路和新手段，目前很多工程领域已经开始采用工程仿生这一新方法来解决实际工程问题，有些已经取得了令人满意的研究成果[38-40]。

1.3.1　仿生学在结构方面的研究

由于鲨鱼体表鳞片具有沿顺流方向排列的V形沟槽，这种结构可以有效地提高鲨鱼在水中游动的速度，因此美国国家航空航天局早在1978年就已经开始了对鲨鱼皮的仿生研究，将仿生鲨鱼皮鳞片的凸状物粘贴到机体表面，使机身阻力减少了6%～8%。空中客车公司在A320型试验机表面约70%的地方粘贴了具有沟槽结构的薄膜，使飞机节油1%～2%，图1.20为鲨鱼皮体表沟槽形态和具有仿生贴膜的飞机[41-47]。

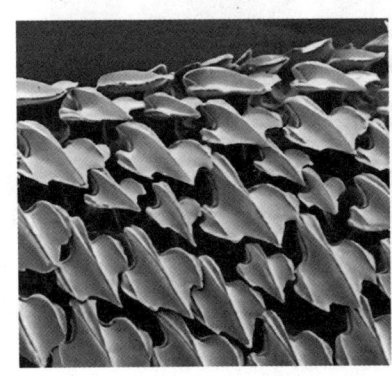

图1.20　鲨鱼皮体表沟槽形态和具有仿生贴膜的飞机

西日本旅客铁道株式会社的设计人员从翠鸟嘴的流线形态得到启发，对高速火车的车头进行了重新设计，使车头的直径逐渐地提高，这种子弹型车头在运动中会"推挤"前方的空气而非"切穿"过去，从而降低了火车通过狭窄隧道时产生的声爆效应，提高了10%的行车速度，同时降低了15%的电力消耗，如图1.21所示[48-51]。

图1.21 翠鸟嘴与高速火车车头

吉林大学工程仿生教育部重点实验室根据蚯蚓体表分布的微观条纹和通孔等表面非光滑结构，研制了仿生非光滑活塞，这种活塞具有储油、存储磨削等作用，可以显著提高活塞的耐磨性，如图1.22所示[52-56]。

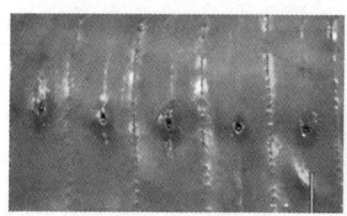

图1.22 蚯蚓体表非光滑形态与仿生活塞

吉林大学工程仿生教育部重点实验室根据步甲胸节背板表面具有的凹凸非光滑形态，设计了仿生凹坑形磨辊，由磨辊的磨损及破碎试验可知，仿生凹坑形磨辊的耐磨性提高了29.06%，破碎性提高了18.7%，说明仿生磨辊具有良好的耐磨性及工作性能，具体如图1.23所示[57-59]。

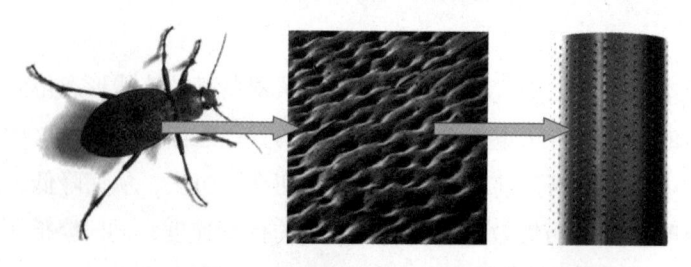

图1.23 步甲背板表面微观凹坑形态及仿生凹坑形磨辊

英国Brinker的工程师们根据血小板在伤口处聚集凝结的工作原理，利用仿生学思想开发了一种管道修复技术。这种技术通过在管道流体中加入Platelets微粒，模拟血管中血小板的作用，当管道出现裂缝时，流体的压力促使微粒在裂缝处聚集，以达到阻止管道裂缝继续扩大并发生泄漏的可能，如图1.24所示。该技术已经应用在了油田中超期服役的原油集输管道上，为提高管道的安全性发挥了重要的作用[60-61]。

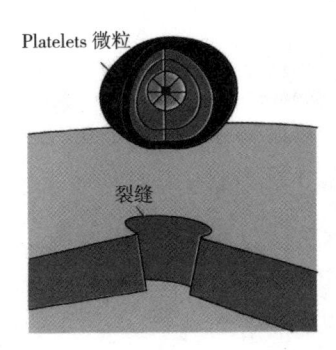

图1.24 仿血小板管道修复技术

油田开采中的膨胀管在作业时，内壁与膨胀锥之间会产生巨大的摩擦力。利用仿生学原理，模拟穿山甲体表的鳞片形结构，设计并加工了仿生非光滑结构的膨胀锥，如图1.25所示。根据现场钻井试验可知，这种仿生膨胀锥可以使膨胀压力降低15%左右，同时可以明显减轻膨胀管与膨胀锥之间的磨损，从而提高零部件的使用寿命[62-63]。

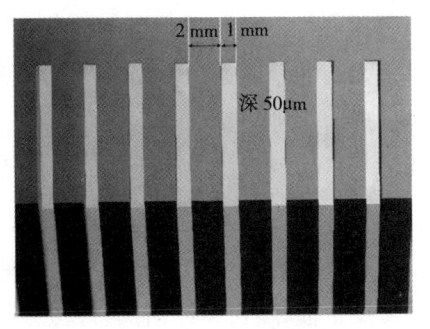

图1.25 仿生膨胀锥及表面非光滑结构

中国科学技术大学的王兵等人利用猫头鹰静音飞行的特性，从仿生学的角度对其翅膀结构进行模拟，并将这种翅膀结构应用到小型四旋翼无人机的机翼上，根据试验可知，这种仿猫头鹰翼型的无人机机翼相较于原形机翼，对提高机翼升力及降低阻力具有一定的效果[64-65]。

1.3.2 仿生学在材料方面的研究

贝壳珍珠层是通过片状文石相互交错排列成层，每个文石之间用有机质进行填充。贝壳材料的这种复合结构显著地提高了其韧性与硬度，如图1.26所示。Studart研究小组使用柔性生物高聚糖与具有高强度的陶瓷板相互交错成层得到具有优异力学性能的仿生贝壳材料。研究人员根据这一结构制作的芳纶纤维增强树脂，其断裂功比单相提高80倍[66-67]。

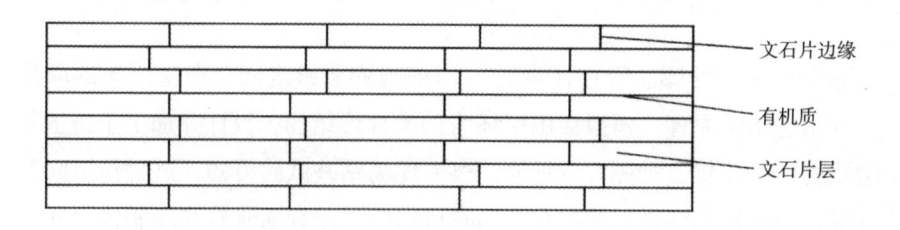

图1.26 文结晶体层横截面示意图

贻贝通过分泌黏性线状物（足丝）固着在海底岩石或其他物体的表面，这种足丝具有很强的固着能力。美国加州大学圣塔芭芭拉分校通过对贻贝的足丝进行研究发现，这种足丝中均含有左旋多巴这种物质，也叫贻贝黏着蛋白，这种物质使贻贝足丝中具有强大的固着能力[68]。研究人员根据贻贝足丝的特性研制出了具有良好固着能力的贻贝胶水，这种胶水中含有大量左旋多巴的化合物，在潮湿的环境中依然具有强大的黏着力。

当人体骨骼发生损坏时，其具有的自动修复功能通过蚀骨细胞和成骨细胞对骨骼进行重建，其中蚀骨细胞通过腐蚀骨头在坏死的骨头上产生通道，成骨吸盘通过这些通道将骨细胞输送到相关损伤位置进行修复。英国布里斯托大学的研究人员根据骨骼自动修复的原理，发明了一种材料自修复仿生技术，通过管道将修复材料输送到相关损伤部位对材料进行修复。据统计，通过这种仿生技术进行修复后的材料的抗压强度可以达到原来材料的97%[69]。

以上几个应用仿生学的方法解决工程中实际问题的例子充分说明了工程仿生学在经历了几十年的发展后，已经从基础理论研究上升到应用这一方法解决实际问题的高度，并且比传统解决工程实际问题的方法更有效，显示出工程仿生学这一学科分支的优越性，为解决工程实际问题开辟出一条新思路。由于工程仿生学为解决实际问题提供了一种新方法，因此为了提高真空吸盘的吸附性能，首先需要对生物的吸附性能进行相关研究，以充分利用生物优良的吸附特性来达到提高吸盘的吸附性能的目的。

1.4 生物吸附性与典型吸附性生物的研究

自然界中的生物为了自身和种群更好的发展，在经历了亿万年的进化与衍变后，将不适合周围环境和种群发展的生物不断淘汰，保留下来的生物已经极为适应其所处的自然环境。由于生物所处的自然环境各不相同，且每种环境条件相差极大，为了适应各自不同的生存环境，生物身体各自发生了形态及功能上的变化。吸附性是一种广泛存在于自然界并被生物普遍使用的技能。由于吸附性的存在，很多生物可以更好地适应其所处的自然环境，以便于自身和种群的生存繁衍。目前生物系统的吸附机理主要分为三种类型，分别为联锁、摩擦和粘合[70]。其中联锁是动物利用自身强有力的爪子等身体部位抓住物体的凹凸表面或刺入物体内部以达到吸附的目的；摩擦可以分为生物吸盘与斜率小于90°的粗糙表面之间的微观尺度联锁与摩擦力[71]；粘合可以进一步被分为四种类型，分别为干吸附（范德华力）、湿吸附（毛细力）、真空负压力和胶粘合（化学方法），生物可以单独使用一种或同时使用几种方法进行吸附活动。其中陆地上的很多动物普遍使用强有力的爪子抓住或刺入物体表面，即通过联锁的方法达到吸附的目的，而水生动物和陆地上少数几种生物由于身体柔软，普遍不具备使用联锁方法进行吸附的条件，这些生物普遍使用摩擦和粘接的方法进行吸附，与真空吸盘的吸附方法一致。这些生物的吸附方式虽然不直观，但仍然具有强大的吸附能力，因此得到了广泛的关注与研究。

章鱼是一种常见海洋软体动物，腕足上分布着大量的吸盘，章鱼通过吸盘进行固定身体、抓取猎物、移动等行为活动。章鱼吸盘产生的吸附力要远远大于自身的重量，并且章鱼在生活中非常常见，因此受到了广泛的关注[72-73]。意大利理工学院的Francesca Tramacere等人通过对章鱼吸盘进行研究发现，章鱼吸盘分为上下两个腔室，两个腔室通过中间的孔口相连。吸盘的下腔（外腔）为漏斗形，上腔（内腔）内壁为光滑结构，顶部为突起结构，章鱼吸盘形态及结构剖面图分别如图1.27、图1.28所示。章鱼吸附时其下腔底面首先与吸附面接触并逐渐展平，随着腕足继续挤压最终使吸盘下腔与吸附面形成密封结构，阻止了吸盘内外液体的流动[74-78]。在吸盘下腔展平过程中把水通过孔口挤压到吸盘上腔，同时上腔的突起结构与孔口接触并形成有效密封，最终形成真空负压力使吸盘吸附到物体表面。

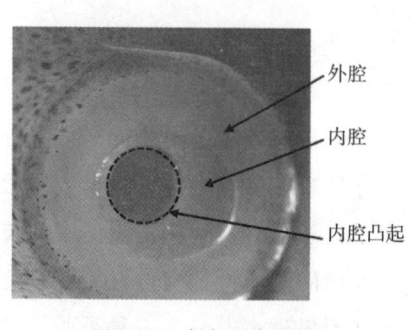

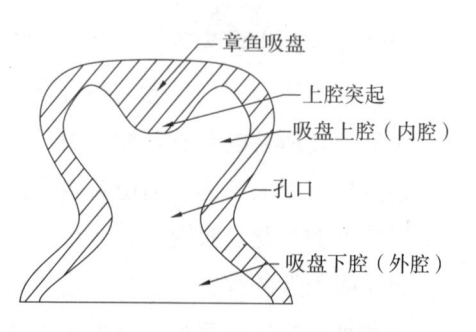

图1.27 章鱼吸盘形态　　　　图1.28 章鱼吸盘结构剖面图

水蛭，俗称蚂蟥。它在吸血时需要将身体稳固地附着于动物体表面，因此其前后吸盘均具有强大的吸附能力[79-81]。弗莱堡大学的Tim Kampowski等人通过扫描电镜对水蛭吸盘进行观察发现，水蛭前后吸盘表面均有大量腺体以及沟壑状结构分布，如图1.29、图1.30所示。这些腺体分泌的黏液可以弥补不规则的吸附表面，提高水蛭吸盘吸附粗糙度较大表面时的密封性能，从而增大吸盘的吸附力。试验研究发现，真空负压力是水蛭吸盘吸附力的主要组成部分，随着吸附表面粗糙度的增大，水蛭吸盘的吸附力呈下降趋势[82]。

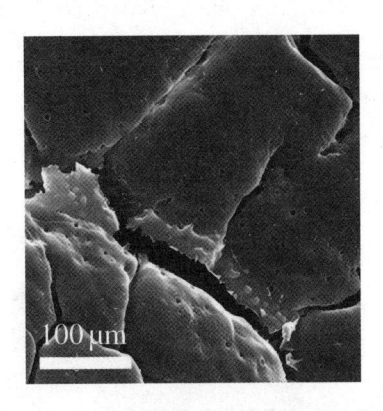

图1.29　水蛭前吸盘表面腺体及沟壑状结构　　图1.30　水蛭后吸盘表面腺体及沟壑状结构

喉盘鱼是一种生活在温暖水域中的小型海洋鱼类，其身体的主要特征是腹部扁平并呈现出类吸盘形状。有数据表明，喉盘鱼腹部吸盘产生的吸附力可达自身吸附力的150～200倍，可见吸附力之强大。华盛顿大学的Petra Ditsche等人通过对喉盘鱼吸盘进行详细观察发现，吸盘周围具有大量乳头状突起，凸起的直径约为150～200μm[83]。对每个突起进行进一步观察发现，突起由大量直径为3～4μm的圆柱形纤维组成。在圆柱形纤维的顶端由尺寸更细小的直径为0.2～0.4μm的纤维组成，如图1.31所示。喉盘鱼吸盘对吸附面的粗糙程度不敏感，不仅可以吸附光滑表面，对粗糙度较大的吸附面同样可以产生较大吸附力，主要归纳于其吸附表面的微观多级结构。喉盘鱼的吸附力主要来自腹部吸盘的真空负压力，吸盘周围突起的微观多级结构可以与吸附面形成有效的联锁结构并提高吸盘的密封性能。

华吸鳅是一种我国特有的淡水鱼类，主要分布于山涧溪流中。它的身体与喉盘鱼类似，腹部同样具有一个环形吸盘结构，吸盘强大的吸附能力使其可以牢固地附着于岩石等物体表面。中国台湾地区的Yung-Chieh Chuang等人通过显微镜对华吸鳅腹部吸盘进行观察后发现，华吸鳅腹部吸盘同样为微观多级结构，与喉盘鱼吸盘结构具有相似性[84]。但不同的是华吸鳅吸盘由大量呈放射状的鳍条组成，鳍条表面覆盖着大量直径为 5～10μm 的圆锥形刚毛结构，如图 1.32 所示。华吸鳅吸盘的吸附力同样来自腹部的真空负压力，吸盘表面的微观多级结构使其可以对不同粗糙度表面产生吸附力，同时与吸附面产生联锁结构[85-87]。浙江大学的 Jun Zou 等人发现华吸鳅在湿润的环境中吸附时，吸盘鳍条周围会产生大量的微型气泡，这些微型气泡可以使吸盘周围形成一个环形的密封带，有效地阻止了吸盘内外气体流动，如图 1.33 所示[88]。

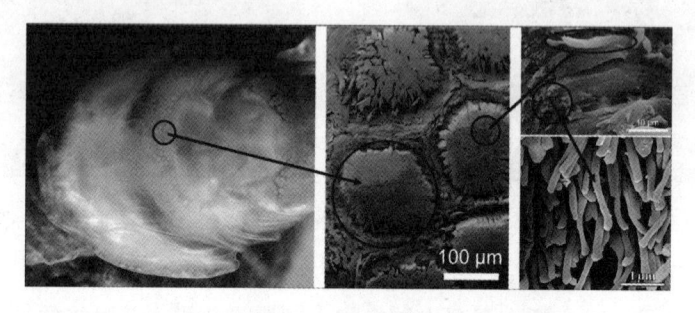

图 1.31 喉盘鱼吸盘及其微观结构形态

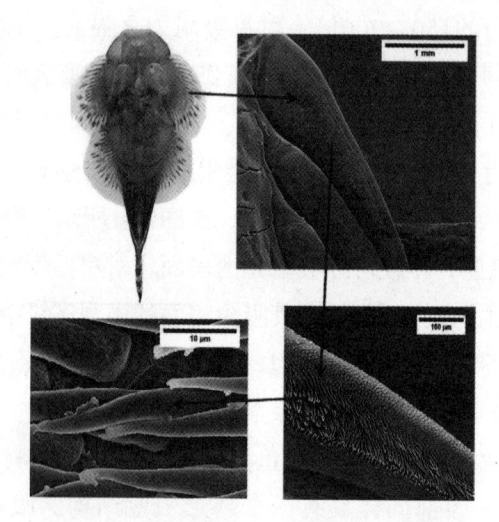

图 1.32 华吸鳅吸盘及其微观结构形态

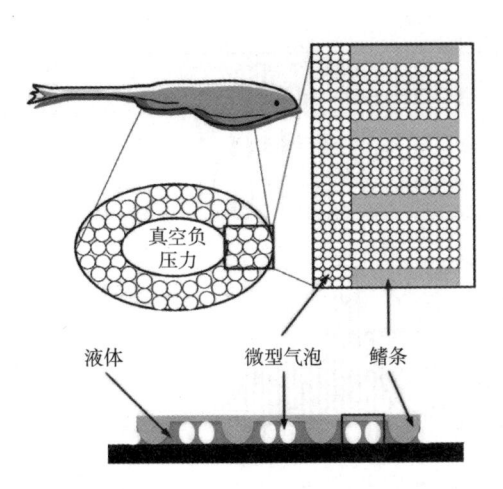

图1.33 华吸鳅鳍条周围气泡的作用

鲫鱼是一种海洋鱼类,其身体的显著特征是背鳍处具有一个椭圆形的吸盘,鲫鱼常常通过吸盘吸附到船底或大型鱼类身体表面并跟随其一起游动。据报道,一条体长为60cm的鲫鱼,其吸盘吸附力可达10kg。南佛罗里达大学的B.A. Fulcher等人通过对鲫鱼吸盘进行研究发现,鲫鱼吸盘边缘由较硬但有弹性的结缔组织组成,吸盘表面分布着两列横向排列的软骨板,每个软骨板具有2~4排方向向后的小刺,小刺的直径为150~200μm,长度约为500μm,如图1.34所示。当鲫鱼吸附时,吸盘边缘的结缔组织首先与吸附面接触并形成密封,同时软骨板发生膨起增大了吸盘内部的空间,形成了真空负压从而产生吸附力[89-90]。佐治亚理工学院的Jason H. Nadler等人在研究鲫鱼吸盘时发现,当吸盘受到向前的剪切力时,吸附力会变大,当受到向后的剪切力时,吸盘吸附力会快速脱开,使鲫鱼自由游动。鲫鱼吸盘小刺的分布概率与鲨鱼体表鳞片的间距分布概率相似,如图1.35所示。这样可以增加小刺插入鲨鱼体表鳞片间缝隙的概率,从而提高鲫鱼吸盘在鲨鱼皮上的吸附能力[91]。

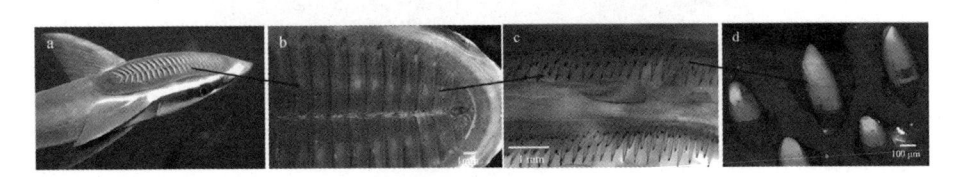

图1.34 鲫鱼吸盘及小刺的微观形态

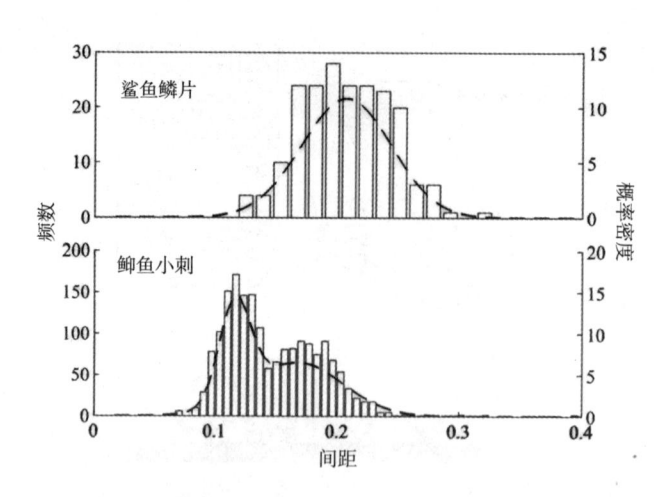

图1.35 吸盘小刺与鲨鱼鳞片间距分布的概率密度

树蛙是一种主要分布在热带和亚热带的两栖动物，由于其每个指、趾的末端都有一个膨大的吸盘，且吸盘具有较强的吸附能力，因此树蛙不仅仅具有跳跃能力，还具有垂直向上攀爬的本领。南京航空航天大学的王卫英等人通过对树蛙足趾末端吸盘进行观察后发现，树蛙足趾表面由大量直径为 10～15μm 的六边形块状结构组成，相邻的块状结构之间具有狭长的沟槽结构，沟槽宽 1～5μm，深 5～10μm，如图1.36所示。足趾腺孔分泌的黏液可以通过狭长的沟槽到达整个吸盘表面，使吸盘表面充满一层厚度均匀的黏液层。沟槽结构对树蛙足趾吸盘表面的细分可以使其更好地适应不规则的吸附表面，形成更紧密的结合。树蛙足趾吸盘的吸附力主要来自湿黏附的毛细作用。

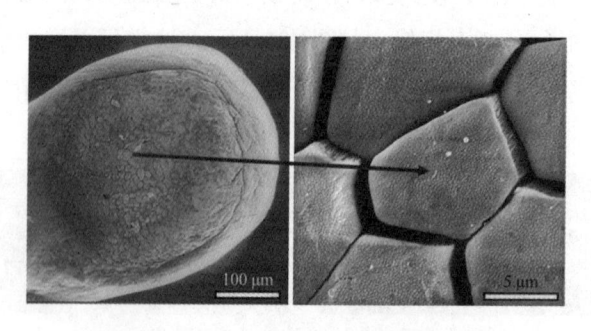

图1.36 树蛙吸盘形态与块状微观结构

1.5 仿生吸盘的研究

国内外研究人员通过对具有高吸附性能的生物进行不断探索与研究，已经掌握了一些吸附性生物中吸盘形态的普遍特征及规律，并将一些研究成果应用到实际工程中去，采用仿生的思想及工程仿生学的方法，对目前的真空吸盘进行改进以提高其吸附能力。

Francesca Tramacere等人基于对章鱼吸盘形态的观察，采用超声波和核磁成像的方法得到了章鱼吸盘的切片图像，并根据图像建立了章鱼吸盘的CAD模型。采用硅胶材料并基于吸盘的CAD模型得到了仿章鱼吸盘的实体，章鱼吸盘CAD模型与仿章鱼吸盘实体分别如图1.37、图1.38所示。由拉伸试验可知，直径为2cm的仿章鱼吸盘实体的吸附力约为8N，具有良好的吸附能力[92]。

图1.37 章鱼吸盘CAD模型半剖面　　图1.38 仿章鱼吸盘实体

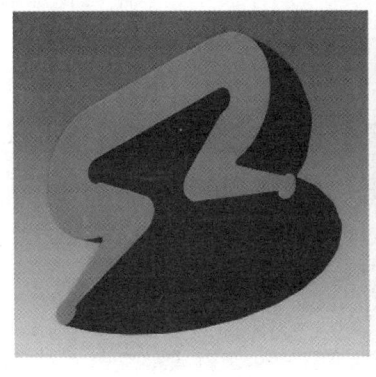

M Follador等人根据对章鱼吸盘表面沟槽形态的观察，设计了具有不同宽度、不同深度、不同分布角度的沟槽形仿章鱼吸盘表面，并利用硅胶材料制作了相应的仿生吸盘，如图1.39所示。试验表明，仿生吸盘比标准吸盘的吸附力提高了65%，说明带有沟槽条纹的仿生吸盘可以明显提高吸盘的吸附能力[93]。

图1.39　标准吸盘（左）与带有沟槽条纹的仿生吸盘底面（右）

Jinping Hou等人在利用混合树脂浇注吸盘时仅仅填充吸盘模具内腔容积的80%，混合树脂在冷却凝固过程中，由于表面张力的作用，制作的吸盘顶部呈月牙形凹面状，如图1.40所示。试验发现这种吸盘吸附时所需要的预加载力很小，仅需0.5N即可使吸盘吸附到物体表面。基于此优点，利用具有不同直径、不同深度孔的塑料板为模具，在仿生章鱼腕上浇注了大量的吸盘，如图1.41所示。具有这种吸盘的仿生章鱼腕具有制作简单、吸附时预加载力小的优点[94]。

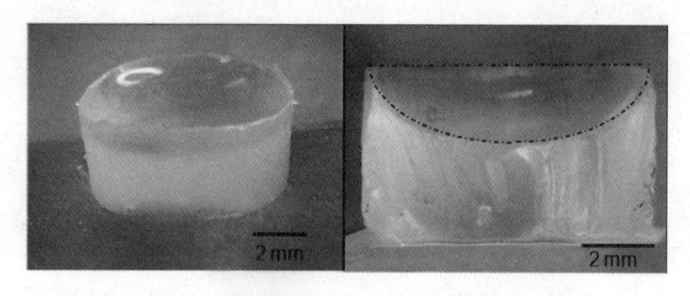

图1.40　混合树脂冷却凝固后的月牙形凹面状

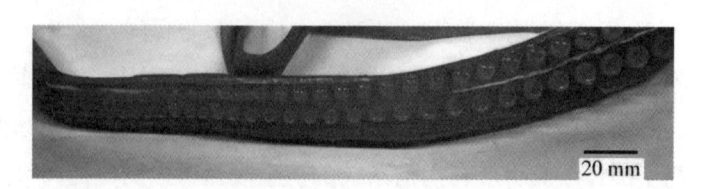

图1.41　仿生章鱼腕设计

Yueping Wang等人基于对鲫鱼吸盘形态的观察与吸附力的研究,模拟鲫鱼吸盘形态制作了仿鲫鱼吸盘。仿鲫鱼吸盘采用多种材料并通过3D打印的方法进行制作,吸盘软骨版上的小刺使用碳化纤维材料并利用激光加工的方法进行制作,仿鲫鱼吸盘如图1.42所示。仿鲫鱼吸盘可以吸附在不同种类的吸附面上,其最大吸附力可达到自身重量的340倍,具有良好的适应能力以及优异的吸附性能[95]。

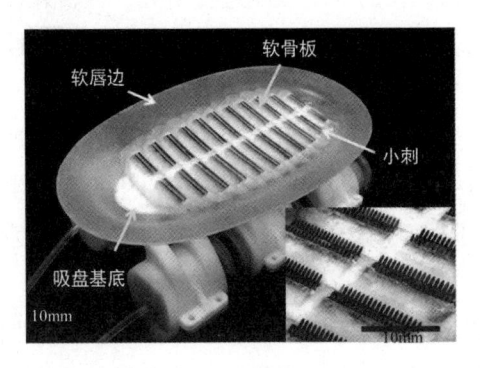

图1.42　仿生鲫鱼吸盘

以上几种仿生吸盘都具有良好的吸附性能。仿生吸盘不但可以提高吸盘的吸附力,同时对吸附表面的材质、光滑度要求较低,因此具有广阔的应用前景与开发潜力,需要对其进行更为深入的研究。鲍鱼作为名贵的海产品之一,不但具有极好的经济价值,腹足具有的强大吸附能力也是其显著特点。由于鲍鱼在日常生活中比较常见,获取较为容易且腹足面积较大,产生的强大吸附力也是其他吸附性生物所少有的,因此本书选取鲍鱼作为仿生原型,基于仿生的思想,通过对其腹足强大的吸附能力进行研究,为仿生吸盘的设计提供必要的参考,以最终提高真空吸盘的吸附力作为目标。

1.6　主要研究内容

本书主要利用工程仿生的思想和方法对真空吸盘表面形态加以改进，以提高其吸附性及密封性能。由于自然界有很多动物具有优良的吸附性能，因此本书拟通过对生物优良的吸附性能进行研究，分析并提取其优良的吸附特征应用到真空吸盘表面，以提高真空吸盘的吸附及密封性能。本书主要的研究内容如下：

（1）采用光学与扫描电子显微镜对鲍鱼腹足表面宏观及微观形态进行观察，并对腹足表面纤维尺寸进行测量。基于水生吸附性生物中吸附力的组成情况对鲍鱼腹足吸附力的组成进行分析，并对相关吸附力的基本作用原理与计算方法进行研究。

（2）设计并加工了5种测力板，同时对鲍鱼腹足的吸附性进行了拉伸试验，根据鲍鱼在不同测力板上的吸附力测量结果对腹足吸附力的组成及每种力占总吸附力的比值进行了分析计算。选取6种具有不同粗糙度不同表面形态的玻璃板对鲍鱼腹足吸附力进行拉伸试验，结合试验结果对鲍鱼在不同粗糙度不同表面形态的吸附表现进行分析。

（3）提取鲍鱼腹足吸附时的形态特征并在标准吸盘表面设计了仿生形态，设计了16种仿生吸盘，采用有限元分析的方法对标准与仿生吸盘进行了模拟分析。通过对每种仿生吸盘底面的受力分析对比了仿生形态对吸盘吸附性能的影响，选取吸附性能良好的仿生吸盘。

（4）设计并搭建了吸盘吸附性及密封性检测试验台，同时设计并采用3D打印的方法制作加工了标准吸盘与吸附性能良好的仿生吸盘模具，通过浇注的方法得到吸盘实体。利用搭建的真空吸盘吸附及密封性试验台对标准与仿生吸盘的吸附及密封性能进行了测量。根据试验结果并结合吸盘的有限元受力分析，对仿生吸盘优良的吸附性能进行了总结，同时探索了吸盘的吸附机理。

第2章　鲍鱼的生物学特性及腹足表面形态研究

2.1　鲍鱼的生物学特性与腹足宏观形态

鲍鱼属于原始海洋贝类，是一种单壳软体动物，通常生活在水温较低的海底，由于肉质鲜美且营养丰富，属于名贵的海产，有海洋"软黄金"的美名。鲍鱼身体主要由外面坚硬的贝壳与里面柔软的身体两部分组成。其中外壳具有明显的右旋特征，表面具有3~5个由大到小的气孔，主要负责鲍鱼的呼吸与废物排泄，如图2.1所示。鲍鱼的软体部分主要由一个与外壳面积相近的椭圆形腹足组成，腹足具有强大的吸附能力，鲍鱼通过腹足做爬行运动或吸附于礁石表面，防止被水流冲走。据记载，一只体长约为15cm左右的鲍鱼，其腹足的吸附力可达200kg，可见其产生的吸附力之强大[96-98]。当鲍鱼处于吸附状态时，腹足逐渐展开并呈现扁平状，通过增加接触面积以利于维持吸附状态，如图2.2所示。鲍鱼腹足重量占其总重量的40%以上，鲍鱼腹足边缘长有很多触角和小丘，触角主要负责感知外界环境，当鲍鱼受到突然拉伸或惊吓时，触角会缩回到身体内部。当周围环境正常时，鲍鱼再将触角伸出。鲍鱼腹足边缘的小丘在正常情况下处于伸展状态，当鲍鱼发现异常加大与吸附面的吸附力时，小丘处于收缩状态，紧密地环绕在吸盘周围，在吸盘外圈形成一道环形的密封结构，提高了鲍鱼腹足的吸附能力。鲍鱼腹足边缘触角和小丘如图2.3所示[99~101]。

图2.1 鲍鱼外壳与气孔

图2.2 鲍鱼及吸附状态下的腹足

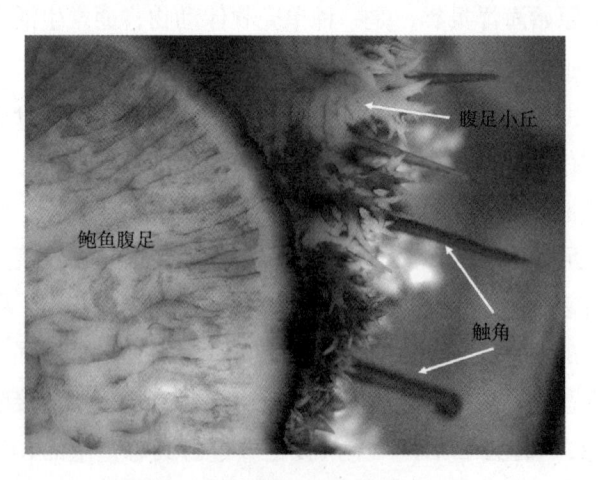

图2.3 鲍鱼腹足边缘触角和小丘

鲍鱼腹足主要分为三个层次，外层为灰黑色边缘，边缘是较圆滑的锯齿形状。中间层为白色，宽度与最外层大致相当，表面褶皱很少。内层占腹足主要绝大部分，具有大量条纹形褶皱，鲍鱼依靠腹足在不同位置的收缩和舒张产生的驱动力向前运动。鲍鱼腹足的三层结构及其表面条纹形褶皱如图2.4所示[102-103]。

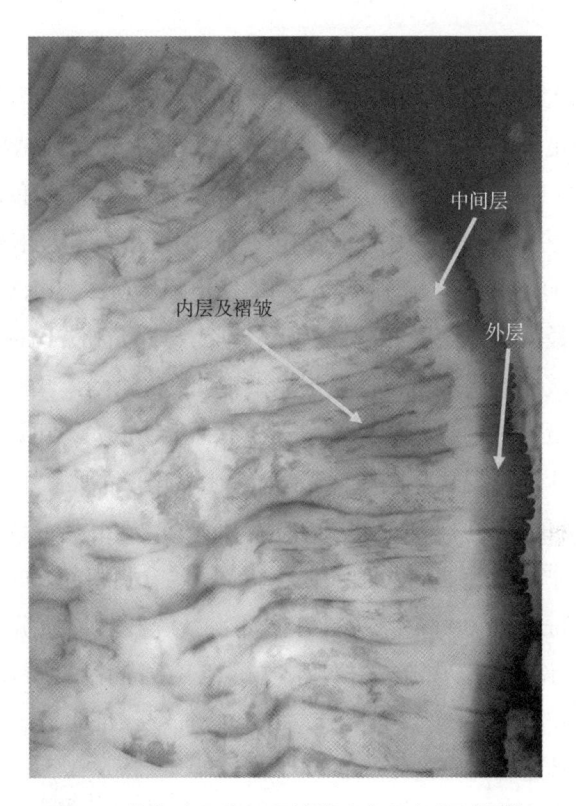

图2.4　鲍鱼腹足的三层结构及表面条纹形褶皱

2.2 鲍鱼腹足的微观形态

2.2.1 试验所用相关设备及参数

为了更深入地对鲍鱼吸盘进行研究，需要对其腹足表面微观形态进行观察，以分析腹足吸附力的组成，同时为仿生吸盘的研究做必要的准备。

试验通过扫描电子显微镜（SEM）和光学显微镜对鲍鱼腹足的微观形态进行观察研究，观察所用的扫描电子显微镜为德国卡尔蔡司公司所生产，型号为EVO18型，分辨率为3nm，加速电压为0.2~30KV，放大倍数为5~1000000，最大试样高度和试样直径分别为145mm和250mm，尺寸可以完全满足试验中试样的要求，扫描电子显微镜如图2.5所示。

光学显微镜为研究级显微镜，型号为奥林巴斯IX71，可以清晰地对鲍鱼腹足的组织切片进行观察并成像，光学显微镜如图2.6所示。

试验所用的鲍鱼样品购买于长春水产批发市场，购买鲍鱼后迅速将其转运到实验室的水族箱中进行饲养，水族箱的长宽高分别为1500mm×600mm×600mm，安装有循环水系统和蛋白质分离器，可以保持水族箱中的水产生正常流动并使水质得到有效净化，水族箱中水的盐度维持在22°~24°，同时实验室具有空调和暖气，保证水族箱中水的温度在16~22℃，非常适合鲍鱼的生长。

当鲍鱼在水族箱中稳定地存活了一周左右时间后，即可将其取出作为试验样品进行前处理并观察[104-107]。

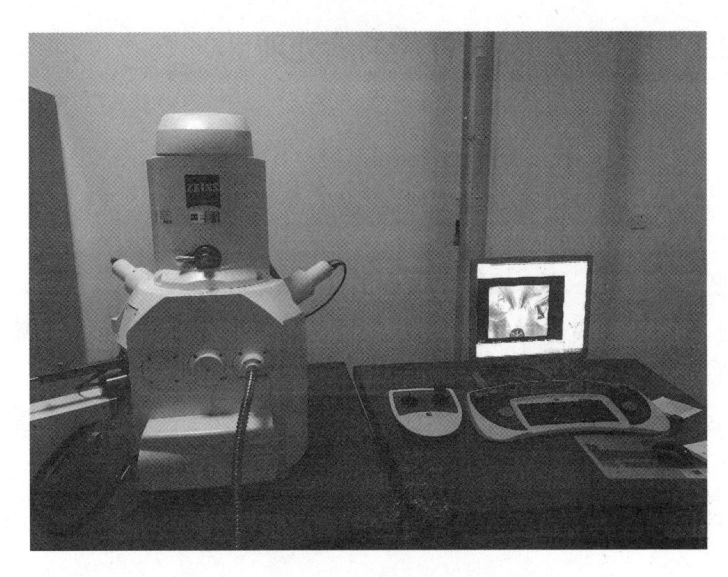

图2.5　蔡司EVO18型扫描电子显微镜

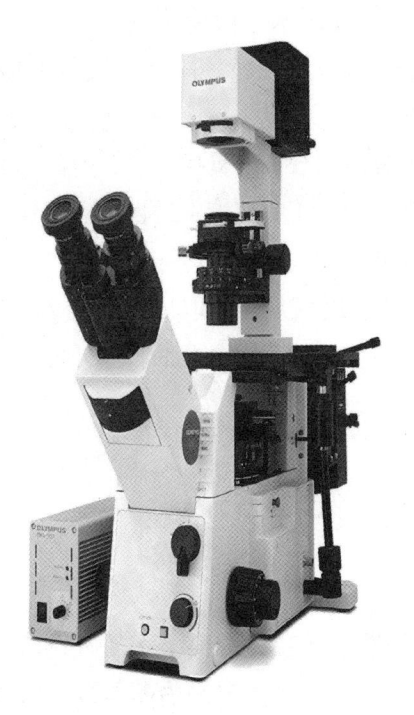

图2.6　奥林巴斯IX71型光学显微镜

2.2.2 扫描电镜鲍鱼样品的前处理

（1）将试验所需的鲍鱼样品放入3%水合氯醛中进行麻醉处理，以使鲍鱼腹足一直保持吸附时的展开状态，便于切取鲍鱼腹足的小块样品。用小刀从鲍鱼腹足上切下一块边长约为10mm左右的腹足样品。

（2）将切下的腹足样品放入浓度为2.5%的戊二醛溶液中进行固定处理，时间约为2h。

（3）将固定后的腹足样品用磷酸缓冲液（PBS）漂洗3次，每次约为15min。

（4）将漂洗后的样品放入锇酸中进行固定，温度设定为4℃，时间约为2h。

（5）将固定后的腹足样品再次放入磷酸缓冲液（PBS）进行3次漂洗，每次约为10min。

（6）对样品进行梯度脱水，所用试剂为乙醇，其中使用50%、70%、80%、90%浓度的乙醇各脱水1次，每次10min。100%浓度的乙醇脱水3次，每次10min。

（7）将脱水后的样品用叔丁醇置换一次，时间约为10min。

（8）然后将样品置于叔丁醇溶液中过夜，温度保持在-20℃。

（9）第二天将样品取出放入真空冷冻干燥仪中进行冷冻干燥。

（10）将冷冻干燥后的腹足样品取出并通过离子溅射仪进行喷金处理，将其固定在扫描电子显微镜的载物台上抽真空并进行观察[108-122]。

2.2.3 扫描电镜观察结果

通过拍照得到鲍鱼腹足的微观图像，分别如图2.7（a）、(b)、(c)、(d)、(e)所示。图2.7（a）、(b)、(c)分别为鲍鱼腹足表面放大500倍、1000倍、2000倍时的纤维形态，可以发现鲍鱼腹足表面覆盖着大量纤维，纤维方向与腹足表面垂直，每个纤维之间相互独立且中间具有间隙。图2.7（d）和图2.7（e）为鲍鱼腹足纤维的侧视图，由图2.7（d）可知鲍鱼腹足纤维的长度基本一致，长度为35~45μm。由图2.7（e）可知纤维形态为根部较细，顶部较粗，纤维直径为0.5~4μm[123-124]。

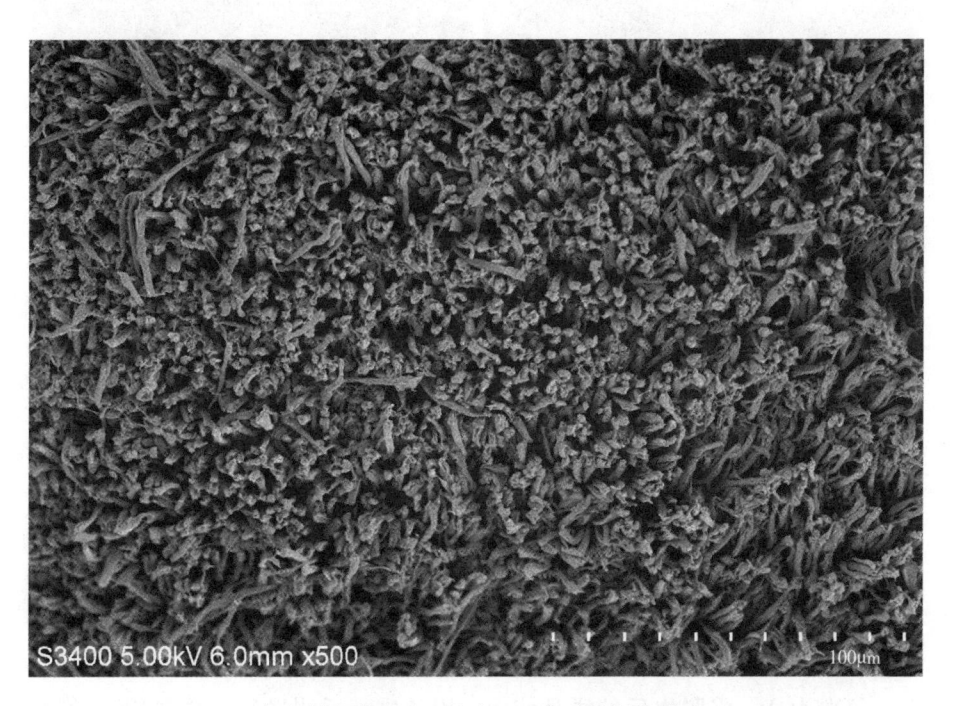

（a）鲍鱼腹足表面放大500倍时的纤维形态

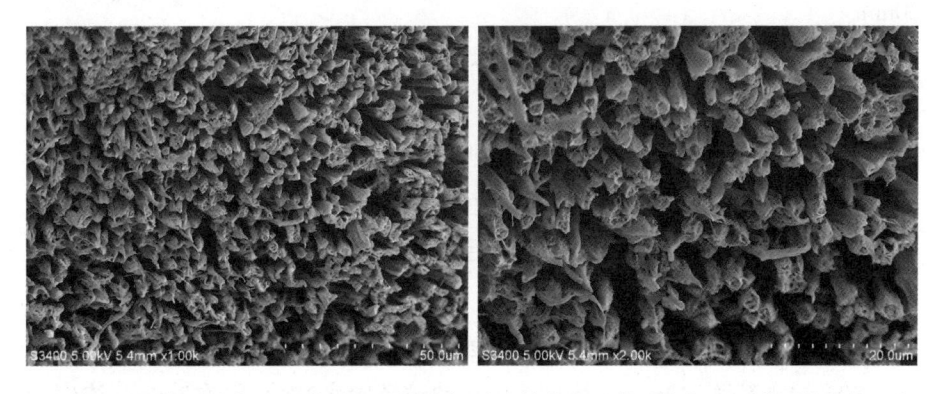

（b）鲍鱼腹足表面放大1000倍时的纤维形态　（c）鲍鱼腹足表面放大2000倍时的纤维形态

图2.7

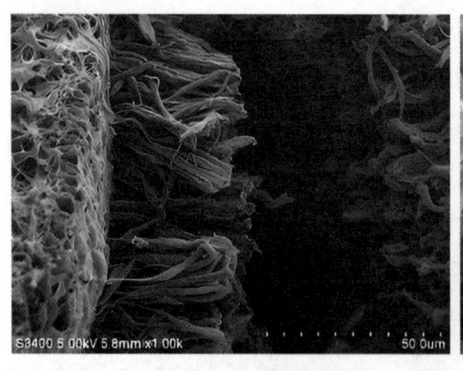

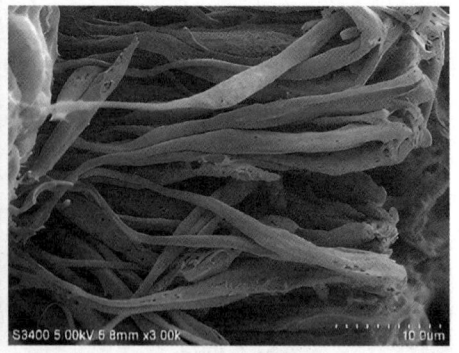

（d）鲍鱼腹足纤维侧视图　　　　　　　　（e）腹足纤维形态细节

图2.7　鲍鱼腹足表面微观图像

2.2.4　鲍鱼组织切片样品的前处理

（1）切下一小块鲍鱼腹足样品，并用浓度为10%的福尔马林溶液进行固定处理。

（2）梯度酒精脱水，首先用浓度为80%的酒精脱水12h，然后用浓度为95%的酒精脱水两次，每次同样为12h，最后用浓度为100%的酒精脱水2次，每次为1h。将脱水后的样品使用二甲苯进行透明过程，总共2次，每次20min。

（3）将透明后的样品放入64℃的烤箱中进行浸蜡处理，总共3次，每次30min。

（4）将浸蜡处理后的样品进行包埋和切片。

（5）使用苏木精-伊红（HE）染色法对组织进行处理，首先将组织脱蜡至水，使用苏木精浸泡5min。将染色后的样品进行水洗，然后使用盐酸酒精分化40s，再次水洗。

（6）氨水返蓝20s后，使用伊红染色5min，再次梯度酒精脱水。使用浓度为80%的酒精脱水2min，浓度为95%的酒精脱水2次，每次2min，浓度为100%的酒精脱水2次，第一次2min，第二次10min。再次使用二甲苯进行透明过程，总共2次，每次20min。

(7) 对制作完成的组织进行树脂封片处理，然后放到光学显微镜下进行观察[125-130]。

2.2.5 光学显微镜观察结果

图2.8、图2.9分别为鲍鱼腹足的组织切片图。其中图2.8的放大倍数为100，从中可以清楚地看到鲍鱼腹足表面条纹形褶皱的放大图，在组织切片中呈现为凹陷和凸起，凹陷的宽度约为50~100μm。图2.9为组织切片放大400倍时的图像，图中可以看到腹足表面纤维结构与内部组织，它们具有清晰的分界线。其中腹足表层的厚度约为40μm左右，符合扫描电镜中观察到的腹足纤维长度在35~45μm这一区间范围，表明腹足组织切片与扫描电镜的观察结果具有较好的一致性。

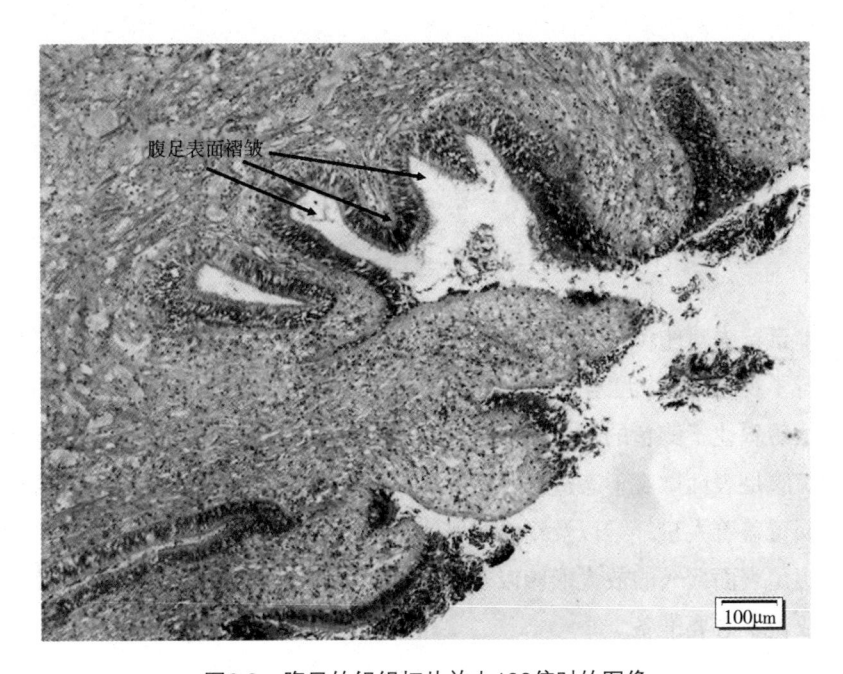

图2.8　腹足的组织切片放大100倍时的图像

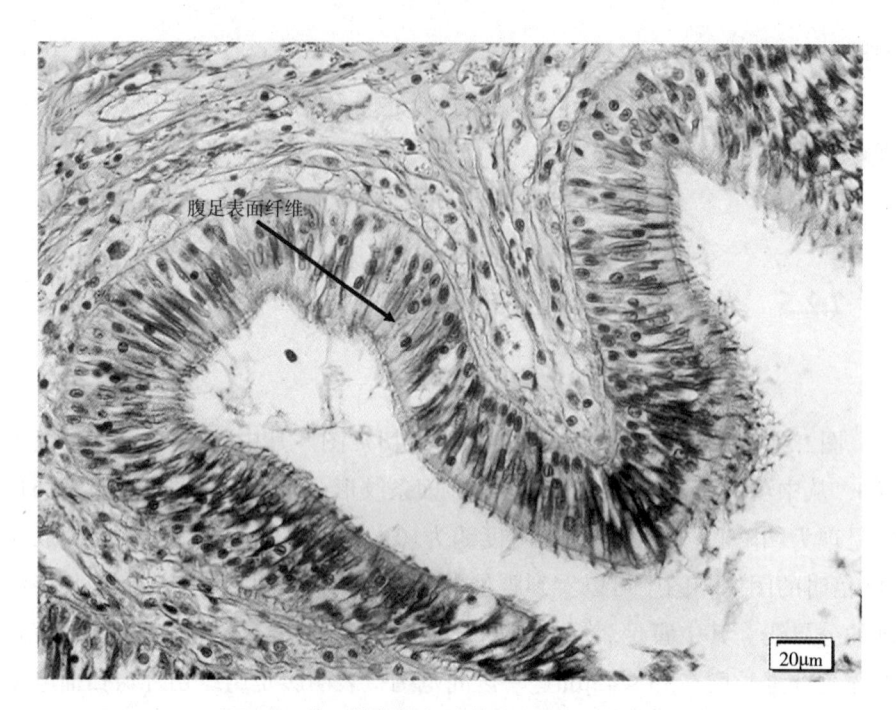

图2.9　腹足的组织切片放大400倍时的图像

2.3　本章小结

  本章首先对鲍鱼的生物学特性进行了简要概述，并对鲍鱼腹足的宏观形态进行了观察，分析了鲍鱼腹足表面的三层基本结构以及腹足褶皱的基本功能。然后叙述了鲍鱼的基本饲养条件以及通过扫描电子显微镜和光学显微镜对鲍鱼腹足表面微观形态进行观察前的前处理过程，在扫描电镜下观察到腹足表面覆盖着大量纤维以及纤维的基本形态与尺寸。在光学显微镜下观察到鲍鱼腹足表面褶皱的放大形貌以及纤维的尺寸形态，为研究鲍鱼腹足吸附力的组成做了必要准备。

第3章 生物吸附力的工作原理与计算方法

3.1 引言

根据第1章对自然界中生物的吸附系统的介绍可知，生物系统的吸附机理主要为联锁、摩擦和粘合这三大类。同时，基于对数种水生及陆地生物的大量研究可知，水生生物主要通过真空负压力、范德华力、毛细力、自锁结构以及摩擦等方法进行吸附活动。本书的研究对象鲍鱼为海洋软体动物，根据鲍鱼腹足的吸附状态以及腹足表面纤维的微观形态可知，鲍鱼自身强大的吸附力同样也由以上几种力组成。为了探究鲍鱼腹足吸附力中每种力的种类以及占比情况，需要首先了解生物吸附力中各种力的基本工作原理以及相应的计算方法，并以鲍鱼腹足在不同测力板上的吸附力作为数据基础，为分析鲍鱼腹足吸附力的种类以及相关组成情况做必要的理论准备。本章首先对真空负压力、范德华力、毛细力的基本工作原理做了简要介绍，然后列出了每种力的计算方法与公式，为根据鲍鱼腹足的实际尺寸进行相应计算做了必要的准备。

3.2 真空吸盘的基本原理及真空负压力计算方法

自从1643年意大利物理学家托里拆利进行了著名的"托里拆利实验"以来，人们第一次准确地测量出标准大气压力[131]。而1654年进行的马德堡半球试验，进一步向人们证明了大气压强不但存在，而且十分强大[132]。人们对大气压强认知的不断加深，促进了真空技术的不断发展。真空吸盘即通过减少吸盘与吸附面之间的气压从而提高吸盘内部真空度以达到吸附的目的。真空度是指处于真空状态下的气体稀薄程度。真空即在指定的空间内气体压强低于一个标准大气压（101kPa）的状态。真空度越大，表明空间内气体越稀薄；反之，则气体越浓厚。

3.2.1 真空吸盘的基本原理

如图3.1（a）所示，对物体进行受力分析可知，物体受到地球施加的一个竖直向下的重力G，同时还受到来自上下左右四个面上的大气压力，由于大气压力无处不在，来自各个方向，因此物体在一侧受力面的某个点上受到大气压力的同时，也同样能够在物体的对侧相应的点上受到同样的大气压力，这两个大气压力大小相等，作用方向相反，相互平衡从而抵消掉了。因此在通常的受力分析中，对大气压力忽略不计。

如图3.1（b）所示，将真空吸盘放到物体顶面上，但并未抽取吸盘内部空气。此时由于真空吸盘内部空气并没有发生变化，所以吸盘内部向下的大气压力（吸盘内部向下箭头所示）还是可以与物体底面向上的大气压力相平衡（虚线框中向上箭头所示）。此时物体还是仅仅受到地球对其施加的竖直向下的重力G（不考虑真空吸盘施加的压力）。

如图3.1（c）所示，同样是将真空吸盘放到物体顶面上，当将真空吸盘内部空气抽走后，作用在物体顶部的大气压力消失了（3.1b中吸盘内部向下箭头），但作用在物体底部向上的大气压力仍然存在（图3.1b中虚线框中向上箭头），从而导致图3.1（b）中物体的平衡状态消失，多出来的竖直向上的大气压力［图3.1（c）中虚线框中向上箭头］将物体托起，此力即为真空吸盘的吸附力F（真空负压力）。

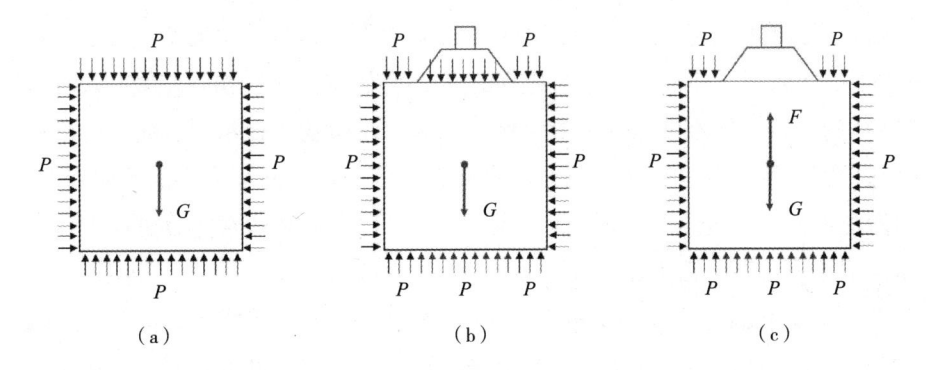

图3.1　真空吸盘的工作原理

3.2.2　真空负压力的计算方法

根据上文对真空吸盘工作的基本原理进行分析可知，真空吸盘的吸附力实际上是在成对且相互平衡的大气压力被破坏后，物体两侧所受到大气压力不平衡所产生的。如图3.2（a）所示，假设物体顶面上的真空吸盘为圆形，直径为300mm，当真空吸盘内部的空气全部被抽光，真空度无限接近100%时，物体顶面的大气压强变为0。根据公式$F=PS$计算可知，吸盘内部由于真空度为100%，其覆盖区域的大气压力值F为0。而物体底面由于没有吸盘，其底面所受的大气压力没有变化，仍然为1个标准大气压。根据大气压力成对出现，平衡抵消的特点，吸盘内部的大气压力改变了，平衡抵消的规律被打破。底面平衡不掉的大气压力根据公式$F=PS$计算，式中的P为1个标准大气压，S为吸盘内部空间所覆盖面积的大气压力发生变化的部分，即吸盘的面积。直径为300mm的圆盘，面积为70650mm^2。这一面积在100%真空度下所受到的大气压力为7159N。因此，当物体顶面所受的大气压力为0，而物体底面所受到的大气压力为7159N，说明直径为300mm的真空吸盘在100%真空度下所能提供的最大吸附力F是7159N，为上下两个面大气压力的差值。

如图3.2（b）所示，吸盘吸附在物体的侧面，同样属于真空吸盘常见的应用方式。同样是以直径300mm的圆形吸盘为例，在水平方向上，真空吸盘的吸附力F向右，即当真空吸盘内部的真空度为100%时，物体左侧的大气以7159N的力将物体推向右侧的真空吸盘，为了维持物体在水平方向上的平衡状态，其右侧受到一个来自真空吸盘接触面的向左的同样大小的反作用力，即为支持力N，由于$F=N$，物体在水平方向上保持平衡。在竖直方向上，物体受到垂直向下的重力G，物体为了保持其在竖直方向上的平衡状态，一定受到一个向上的足以与向下的重力G相平衡的力f，此力f即为真空吸盘与物体之间的静摩擦力，且$f=G$。当真空吸盘与物体之间的最大静摩擦力小于吸盘重力G时，吸盘发生滑动并脱落。由于最大静摩擦力略大于滑动摩擦力，为计算方便，通常认为最大静摩擦力与滑动摩擦力相等。其中滑动摩擦力公式为$f=\mu N$，μ为动摩擦系数，数值介于0~1，N为物体受到的支持力。

根据上面对真空吸盘吸附力的计算可知，影响真空吸盘吸附力大小的因素有两个，分别为吸盘内部的真空度和吸盘的面积。

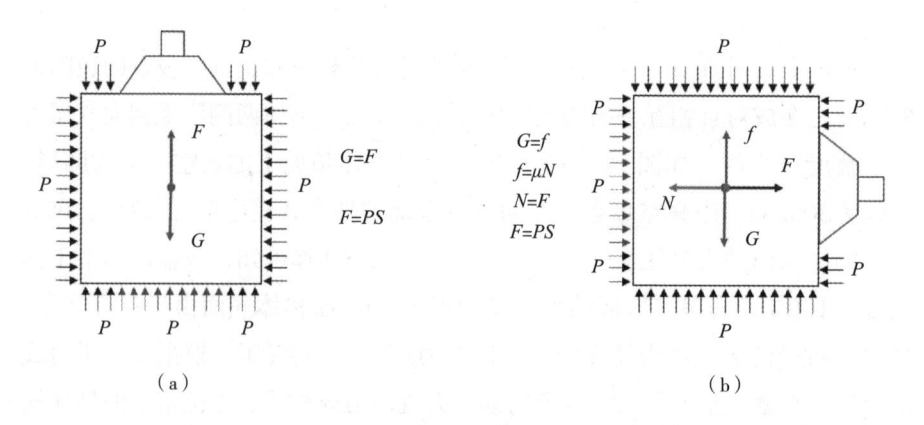

（a） （b）

图3.2 真空吸盘吸附力的计算方法

3.3　毛细力的基本原理及液桥力的计算方法

毛细作用是一种自然界中十分常见的物理现象，如植物通过茎内极为细小的毛细管将土壤中的水分吸收上来；地下水分通过土壤中的大量毛细管上升到地表；地下水从湿润区域向干燥区域的流动，靠的同样是毛细作用。毛细现象在人们的日常生活中也发挥着十分重要的作用，如纸巾通过毛细作用进行吸水，从而应用于生活中的各个方面；海绵优良的吸水性能，也是由于内部每个小孔发挥的毛细作用；老式灯芯绒衬衫对人体汗液的吸收作用，同样采用的是毛细作用原理。自从1845年德国物理学家古斯塔夫首先根据对毛细现象的认识研究其本质以来，人们逐渐对这种现象的本质和原理进行了深入研究，已经极大地加深了对毛细现象的认识并取得了大量重要的理论基础[133-138]。

3.3.1　毛细力的基本原理

毛细力的外在表征是产生了毛细现象。毛细现象发生在毛细管中，这种细管的直径很小，基本与液体的曲率半径相近。发生毛细现象的毛细管中液体的上表面会变成弯曲状，毛细力即是在固、液、气三相界面上的弯曲液面上产生的。而弯曲液面存在的原因是组成物质的分子间的聚集程度不同，同类物质之间相互的吸引作用称为内聚力，不同类物质分子间的相互吸引所引起的两类物质间的黏接作用称作黏附力。毛细现象的毛细管中液体表面的弯曲状由液体界面层的表面内力（内聚力）和表面外力（黏附力）的合力所决定，当黏附力较大时，液体呈内凹状，当液体的内聚力大于黏附力时，液体表面呈外凸状，如图3.3所示。毛细现象中液体表面的上升或下降也源于液体的表面张力（表面自由能），由于液体表面张力（表面自由能）的存在，以及液面上的弯曲表面的共同作用，根据Young-Laplace方程可知，毛细管中的上下液面将会产生压力差,此压力差即为使毛细管中液体上升或下降的动力源[139-141]。

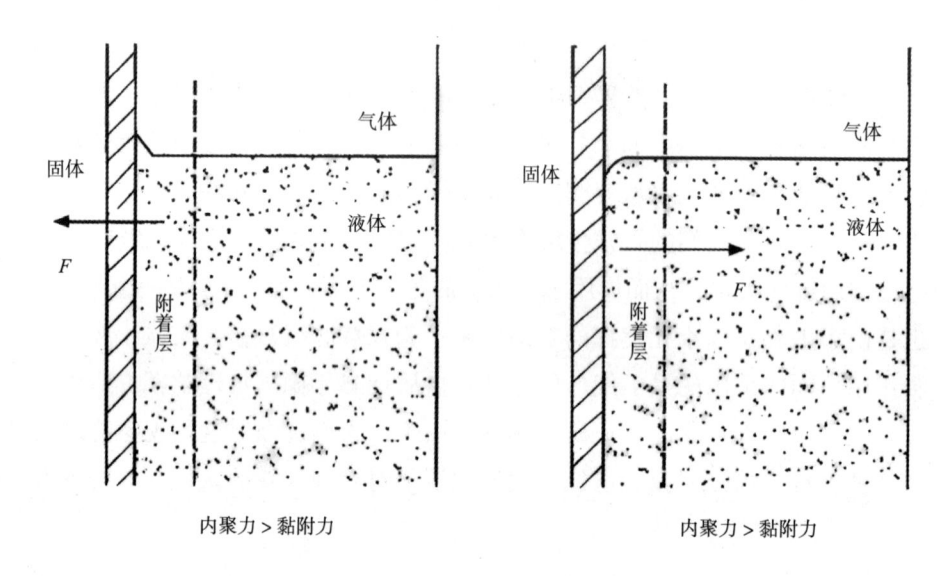

图3.3 毛细现象的液面弯曲的机理

3.3.2 液桥力的原理及计算方法

由于鲍鱼属于海洋软体动物,且吸附时腹足与吸附面之间通常具有液体层,因此毛细力也是鲍鱼腹足吸附力的一部分。这种毛细作用的具体形式为液桥力。液桥力的产生是由于液桥系统的存在,即当两个相距较近的固体之间具有一定量的液体层,液体与两个固体之间可以形成表面黏附的效果,这种两个固体中间具有液体层并相互连接的系统称作液桥系统。液桥力即液体对两个固体的拉拽力,其本质同样是液体自身的内聚作用以及液体与固体之间的黏附作用,液桥系统如图3.4所示。

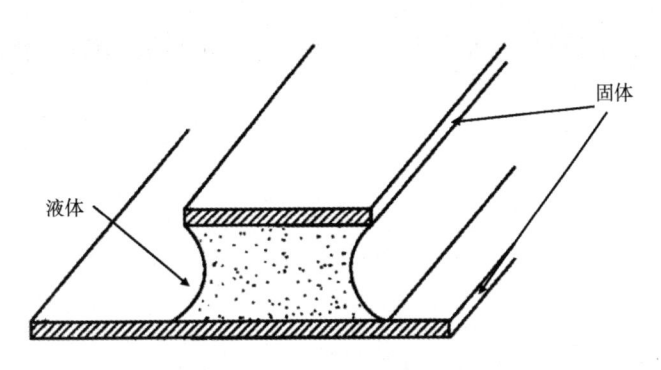

图3.4 液桥系统

由于鲍鱼腹足吸附属于两平行平板间的液桥类型，根据毛细理论模型得知，液桥力由两部分组成，一部分为液体内的负压在固体被润湿区域轴线上的力，另一部分为液体侧表面的表面张力在固、液、气三相线沿着液桥轴线方向上的力。根据Young-Laplace方程推导可知液体层内外的压力差为公式（3-1）。公式（3-1）中γ为液体的表面张力，r_1为液体层侧面的曲率半径，r_2为液体侧面表面与固体平面平行的曲率半径[142-145]。

$$\Delta p = \frac{2\gamma}{r} = \gamma\left(\frac{1}{r_1} + \frac{1}{r_2}\right) \tag{3-1}$$

由于两板之间的距离为d，可得公式（3-2）。其中，θ_1和θ_2分别为两个固体板的接触角。

$$d = r_1 \cos\theta_1 + r_1 \cos\theta_2 \tag{3-2}$$

将公式（3-2）代入压力差公式（3-1）中可得

$$\Delta p = \gamma\left(\frac{\cos\theta_1 + \cos\theta_2}{d} + \frac{1}{r_2}\right) \tag{3-3}$$

根据帕斯卡原理中液体内的压力处处相等可知，与液体层接触的固体表

面与液体侧压力相等，因此作用在与液体层接触的两固体板区域所受的力分别为

$$f_{a1} = \Delta p A_a = \gamma A_a \left(\frac{\cos \theta_1 + \cos \theta_2}{d} + \frac{1}{r_2} \right) \quad (3\text{-}4)$$

$$f_{b1} = \Delta p A_b = \gamma A_b \left(\frac{\cos \theta_1 + \cos \theta_2}{d} + \frac{1}{r_2} \right) \quad (3\text{-}5)$$

液桥力第二部分的力为液体侧表面的表面张力在垂直于固体平板方向的分量，因此作用于上下固体平板上的表面张力的分量的总力为

$$f_{a2} = \gamma l_a \sin \theta_1 \quad (3\text{-}6)$$

$$f_{b2} = \gamma l_b \sin \theta_2 \quad (3\text{-}7)$$

因此，上下固体平板的总液桥力为 f_a 和 f_b，由于 f_a 和 f_b 为作用力和反作用力，因此两者大小相同。

$$f_a = f_{a1} + f_{a2} = \gamma A_a \left(\frac{\cos \theta_1 + \cos \theta_2}{d} + \frac{1}{r_2} \right) + \gamma l_a \sin \theta_1 \quad (3\text{-}8)$$

$$f_b = f_{b1} + f_{b2} = \gamma A_b \left(\frac{\cos \theta_1 + \cos \theta_2}{d} + \frac{1}{r_2} \right) + \gamma l_b \sin \theta_2 \quad (3\text{-}9)$$

3.4 范德华力的基本原理及相关计算方法

3.4.1 范德华力的基本组成与原理

范德华力广泛存在于分子间，又叫分子间作用力。分子间作用力（范德华力）主要分为三个部分，分别是色散力、取向力和诱导力。分子之间的吸引也可叫作色散作用、诱导作用和取向作用。其中，色散作用是两个运动中的相邻分子在相距很近时异极的吸引作用；诱导作用是非极性分子在极性分子的电场影响下被极化，从而与相邻的极性分子产生的吸引作用；取向作用是两个极性分子追寻同性相斥异性相吸的取向时产生的分子之间的作用。其中，非极性分子之间只存在色散作用。极性分子和非极性分子之间具有色散作用和诱导作用。在两个极性分子之间，则存在以上三种作用，范德华力（van der Waals）为这三种力的总和[146-147]。

3.4.2 范德华力的计算方法

计算鲍鱼腹足的范德华力属于弹性变形理论中的表面力，应该选用接触模型中的JKR接触模型，主要用于研究材料微接触状态下表面黏着能的释放情况。为了从理论上计算鲍鱼腹足的范德华力，需要首先计算出一根鲍鱼腹足纤维与测力板之间的范德华力，然后根据单位面积上鲍鱼腹足纤维的数量求得单位面积上鲍鱼腹足的吸附力，最后得到鲍鱼腹足的范德华力。根据JKR接触模型推导得到拉力p的一般表达式为[148-154]

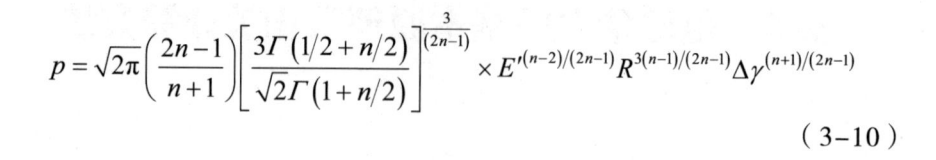

$$p=\sqrt{2\pi}\left(\frac{2n-1}{n+1}\right)\left[\frac{3\Gamma(1/2+n/2)}{\sqrt{2}\Gamma(1+n/2)}\right]^{\frac{3}{(2n-1)}}\times E'^{(n-2)/(2n-1)}R^{3(n-1)/(2n-1)}\Delta\gamma^{(n+1)/(2n-1)}$$

（3-10）

其中，$E'=E/(1-v^2)$，$\Delta\gamma$ 为表面能，Γ 是伽马函数。根据鲍鱼腹足纤维顶端形状可以推出 $n=2$，因此拉力 p 的表达式可以简化为

$$p=\frac{3}{2}\pi R\Delta\gamma$$

（3-11）

其中，$\Gamma(1/2)=\sqrt{\pi}$，$\Gamma(3/2)=\frac{\sqrt{\pi}}{2}$，表面能 $\Delta\gamma$ 为

$$\Delta\gamma=\frac{A}{24\pi D_0^2}$$

（3-12）

其中，A 为物质决定的 Hamaker 常数，常数 $D_0=0.165\text{nm}$，其对大多数材料都适用。

3.5 本章小结

为了基于鲍鱼腹足的拉伸试验分析其吸附力的组成，本章对水生吸附性生物中几种常见的吸附力如真空负压力、毛细力和范德华力的基本作用原理做了简要介绍，并对这三种力的计算方法与使用条件做了分析，推导了相关的计算公式，为分析计算鲍鱼在不同测力板上的吸附力组成做了必要的理论基础。

第4章 鲍鱼吸附试验与吸附性分析

4.1 引言

根据第1章对鲍鱼吸附性的介绍可知，鲍鱼腹足具有强大的吸附能力。由于水生生物的吸附主要通过真空负压力、毛细力、范德华力、自锁结构等方法来实现。基于对鲍鱼腹足吸附的观察以及其基本的生物学特性可知，鲍鱼腹足同样通过以上几种力进行吸附活动。为了对鲍鱼的吸附活动进行更为深入的研究，本章拟采用拉伸试验的方法测量鲍鱼腹足在不同测力板上的吸附力，根据测力板的特性并结合第3章中介绍的水生生物吸附力的组成与计算方法，对鲍鱼吸附力组成以及相应的占比情况进行深入的分析与研究。

4.2 试验的前期准备

4.2.1 万能试验机的组成及相关参数

拉伸试验所用的鲍鱼与第2章中进行观察所用的鲍鱼为同一种类，同样采购于长春水产批发市场，并立即转移到实验室的水族箱中进行饲养，饲养条件同第2章一致，待几天后鲍鱼完全适应水族箱中的环境，即可对其进行拉伸试验。

拉伸试验所用的万能试验机为长春智能仪器设备有限公司生产的WSM-500N型，最大测量值为500N，测量精度为0.01N，万能试验机可以通过厂家自带软件进行控制，并将测量结果传到与之相连的电脑，可以完全满足试验要求，试验所用万能试验机及各部分组成如图4.1所示。

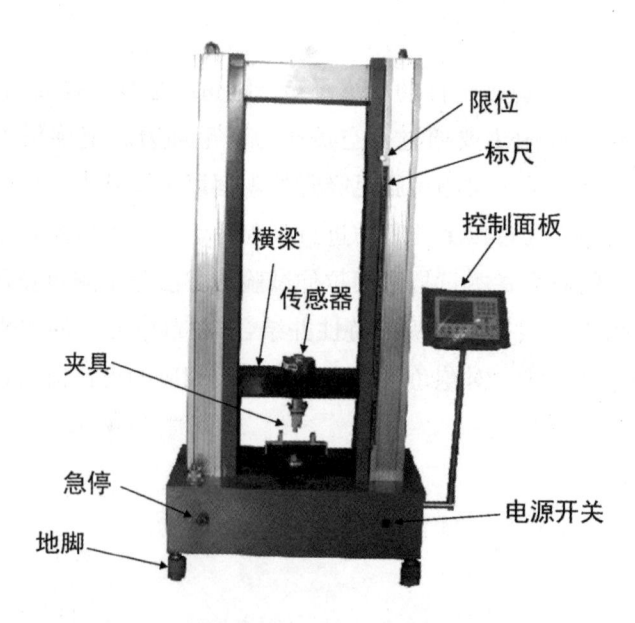

图4.1 试验所用万能试验机及各部分组成

4.2.2 吊钩的设计与3D打印加工

为了将处于吸附状态下的鲍鱼从测力板上拉起，万能试验机需要以某种方式与鲍鱼相连，以便于测量吸附力。由于鲍鱼外壳表面凹凸不平且形状不规则，同时鲍鱼的吸附力较大，试验次数较多，万能试验机需要反复切换与鲍鱼相连和断开这一过程，因此很难以一种有效的方法使试验机与鲍鱼相连。本书采用一种自设计的吊钩，通过勾住鲍鱼外壳下边缘使万能试验机与鲍鱼连接在一起，同时这种方法具有操作简便高效，不影响试验时鲍鱼的吸附效果，方便切换与鲍鱼连接和断开这一过程，并可以在牢固地将鲍鱼勾住的同时满足吊钩强度大于试验中鲍鱼吸附力这一要求。设计的吊钩三维模型如图4.2、图4.3所示，其侧视图、正视图以及具体尺寸分别如图4.4、图4.5所示。此吊钩在设计时考虑了鲍鱼在吸附状态时的外壳形状，首先是吊钩的中部向内凹，这种设计可以保证吊钩一侧连接万能试验机而另一侧完全避开鲍鱼外壳的边缘，保证吊钩底面边缘可以尽可能多地伸入外壳底部边缘。由于鲍鱼吸附时外壳边缘与测力板之间垂直距离很小，因此要将吊钩底部设计得很薄，以使其很容易地插入鲍鱼外壳与底面的缝隙中去，同时由于鲍鱼的吸附力很大，为了确保吊钩底部很薄的部分在拉伸时不被折断，对吊钩底部拉伸强度有要求。因此将吊钩底部设计成楔形，使底部逐渐加厚，确保吊钩强度。为了使吊钩牢固地与鲍鱼外壳连接，在吊钩底部楔形的尖部设计一个转折以形成浅沟，当鲍鱼受力拉伸时使外壳可以卡到浅沟内，确保吊钩与鲍鱼外壳牢固相连。在吊钩楔形下底面的尖部设计倒角，提高吊钩底部插到鲍鱼壳与测力板缝隙内的概率。同时在楔形底面尖部设计倒角，防止吊钩划伤鲍鱼腹足。为了使吊钩更好地与鲍鱼外壳向配合，将吊钩底面尖部的连线设计成具有一定弧度，这个弧度与鲍鱼外壳边缘弧度相适应。在吊钩上部开有两个尺寸相同的对称通孔，通孔的直径为5mm，使拉伸所需要的玻璃绳可以顺利穿过。吊钩设计的相关详细要求如图4.6所示。

图4.2　试验所用吊钩的三维模型图a 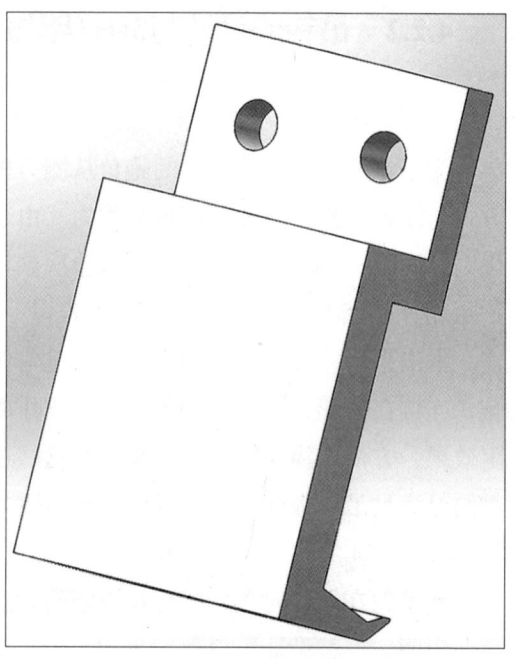　　图4.3　试验所用吊钩的三维模型图b

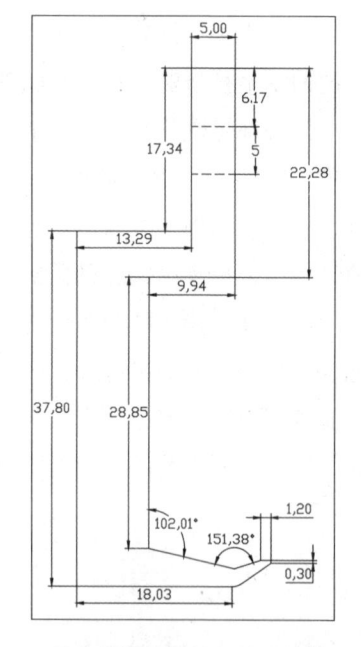

图4.4　吊钩的侧视图与尺寸（单位：mm） 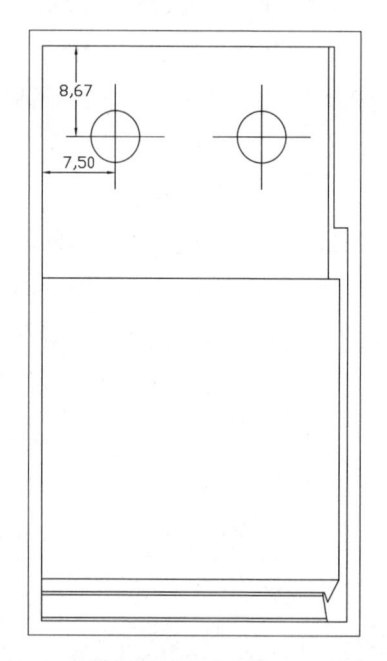　图4.5　吊钩的正视图与尺寸（单位：mm）

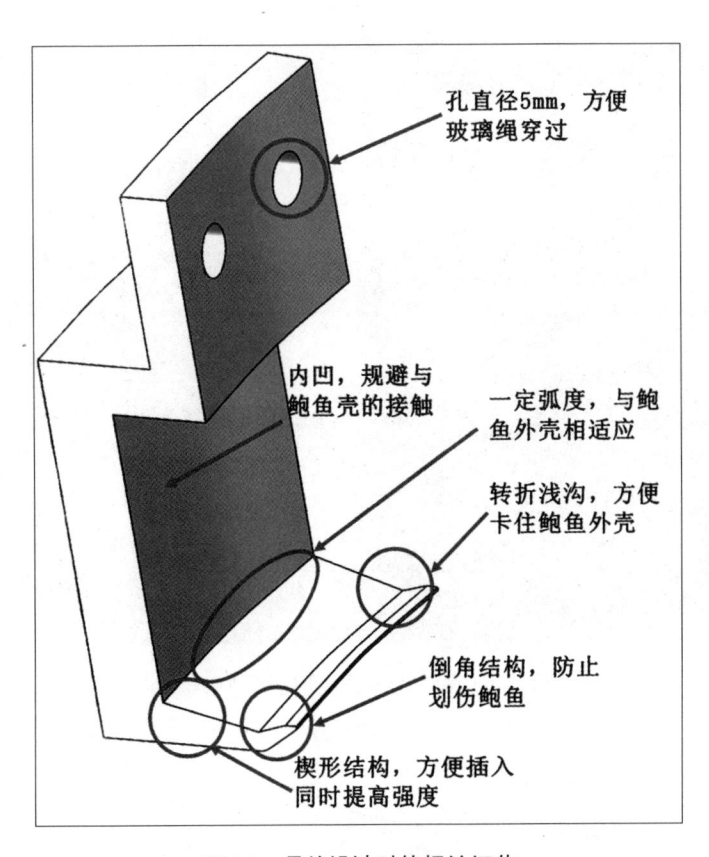

图4.6　吊钩设计时的相关细节

本书通过使用3D打印的方法加工吊钩的实体，试验所用的3D打印机为实验室所购买的UP三维打印机，可以选用的打印材料为ABS和PLA，本书选用的打印材料为PLA。

3D打印机如图4.7所示，3D打印机各部分的组成如图4.8所示，各部件名称为（1）基座、（2）打印平台、（3）喷嘴、（4）喷头、（5）丝管、（6）材料挂轴、（7）丝材、（8）信号灯、（9）初始化按钮、（10）水平校准器、（11）自动对高块、（12）3.5mm双头线。

图4.7　吊钩实体所使用的3D打印机

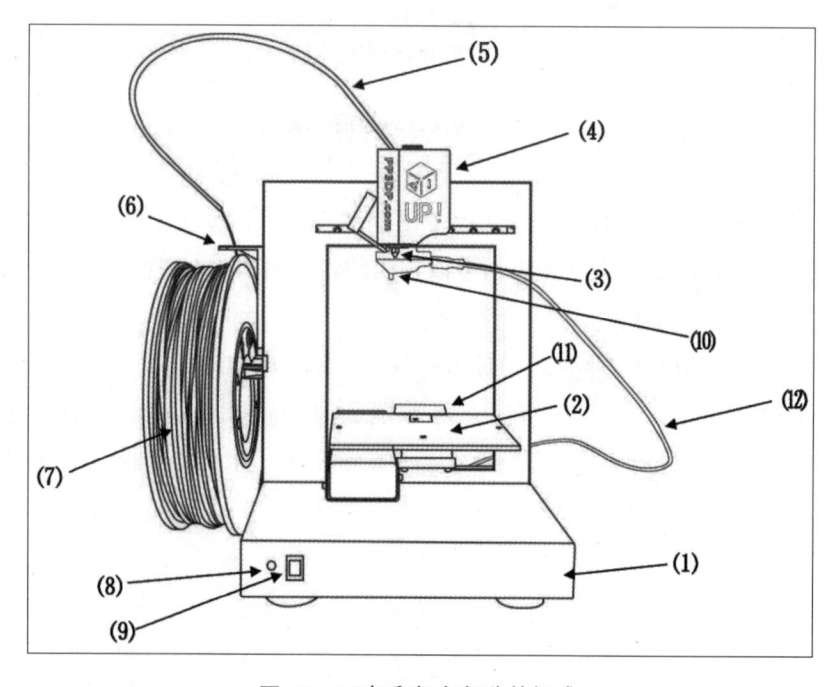

图4.8　3D打印机各部分的组成

第4章 鲍鱼吸附试验与吸附性分析

打印时将吊钩的三维模型转换成3D打印机所能识别的STL格式并输入到3D打印控制软件中。3D打印软件界面如图4.9所示。载入模型后选择吊钩的一个侧面作为打印时的底面并使其与基底相贴，其他设置选择默认即可开始打印。3D打印的吊钩实体如图4.10所示。为了让试验中的吊钩可以更容易地钩住吸附中的鲍鱼外壳，在用玻璃绳将吊钩的两个孔串起来时，需要先将玻璃绳从钩尖一侧穿到背面，然后再从吊钩背面的另一个孔穿回，两个吊钩的穿法一致。这种串法在吊钩自然下垂的时候会形成一种钩尖向上勾的趋势，可以保证试验时能更加牢固地钩住鲍鱼外壳。然后将两个钩子串在一条玻璃绳上，这样可以保证两个钩子的下垂长度相互可调，在钩住不同的鲍鱼外壳时可以适当调整两条玻璃丝的长度，保证鲍鱼外壳受到的左右吊钩给予的向上拉力相等，确保测量的吸附力更加准确。

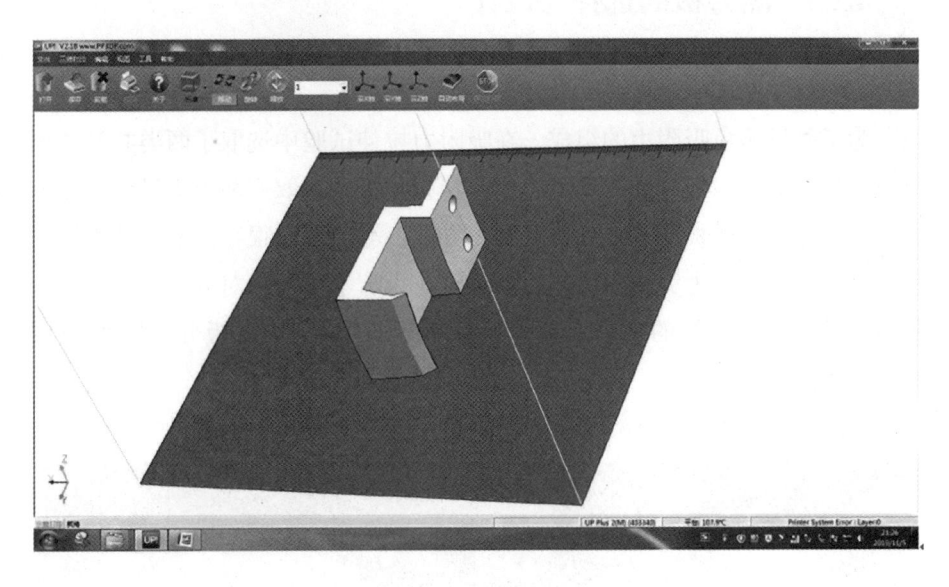

图4.9　3D打印软件界面

图4.10　3D打印吊钩实体

4.2.3　测力板的选择与设计

为了测量鲍鱼吸附力的组成，在吸附力拉伸试验中选取了两类共五种测力板。这两类测力板分别为亚克力板和特氟龙板，选取这两类板材作为测力板的原因是这两类板易于找到，且加工方便，鲍鱼可以很容易地在其表面进行吸附活动。亚克力为亲水材料，而特氟龙为疏水材料，对分析并区分鲍鱼吸附力的组成有良好的效果，光滑亚克力板和光滑特氟龙板分别如图4.11、图4.12所示。

图4.11　光滑亚克力板　　　　　　图4.12　光滑特氟龙板

由于真空负压力是鲍鱼腹足吸附力的一部分，为了测量其他种类吸附力对鲍鱼吸附力的影响，分别设计了两种通孔形测力板，以去除真空吸附力对鲍鱼吸附力的影响。这两种测力板的设计方案一致，只是测力板的材料分别为亚克力和特氟龙。通孔测力板的设计简图及相关尺寸如图4.13所示，设计原则是当鲍鱼腹足吸附在测力板上时，不论鲍鱼身体方向如何且不论其在测力板平面上的任何位置，都要确保其下面的孔数基本一致。因此将通孔测力板上的孔设计成中间孔一周均匀分布着六个孔，孔连线之间的夹角为60°。这样即可确保不论将鲍鱼如何放在测力板上，其腹足下面的孔数基本一致，又可保证鲍鱼腹足与测力板表面的有效吸附。孔的直径不宜过大也不宜过小，过大会影响其他力的吸附效果从而影响鲍鱼的吸附力，过小可能会影响去除真空负压力的效果，因此设计的通孔直径为3mm。同时孔与孔圆心之间的距离为8mm，确保鲍鱼吸附时腹足下面的孔不至于过密也不至于过疏。测力板的直径为160mm，保证了鲍鱼腹足可以完全在其表面进行吸附且可做小范围活动。通孔测力板的厚度选取为10mm，保证强度的同时便于机械加工钻孔。测力板的三维实体模型图如图4.14所示。加工后的通孔亚克力板和特氟龙板如图4.15和图4.16所示。

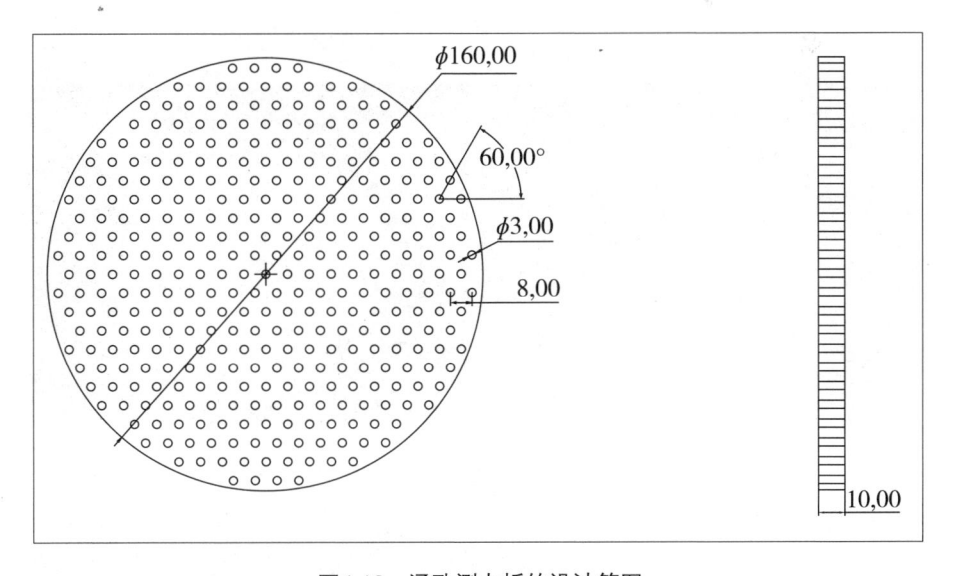

图4.13 通孔测力板的设计简图

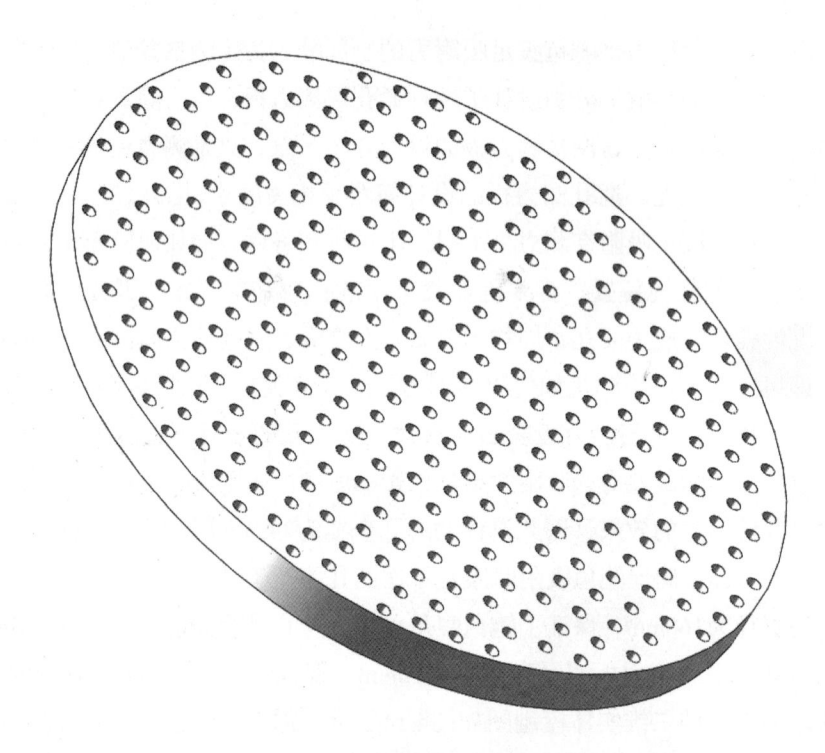

图4.14 通孔测力板三维实体模型

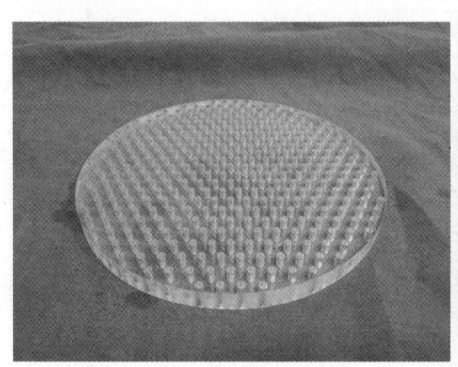

图4.15 通孔亚克力板　　　　图4.16 通孔特氟龙板

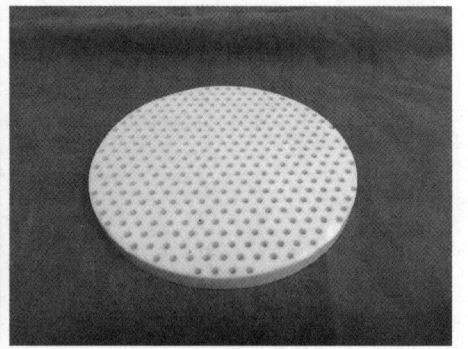

由于在将吸附中的鲍鱼拉起时，观察到鲍鱼腹足及四周的小丘全部紧缩以形成一个紧密的环形吸盘结构，为了验证鲍鱼腹足吸附力中的真空负压力

是否全部来自腹足这个大的环形吸盘结构，或者仅仅占真空负压力中的一部分，或者是这个腹足形成的整体吸盘结构并未对吸附力产生任何影响，设计了条纹凹槽形测力板，设计简图及相关尺寸如图4.17所示。设计的原则是当鲍鱼腹足吸附在测力板上时，不论鲍鱼身体方向如何且不论其在测力板平面上的任何位置，都要确保腹足下面完全贯穿几条沟槽。将沟槽深度设计为5mm，即使鲍鱼腹足在吸附时可以随着接触面的不同形态发生轻微改变以更好地贴附在被吸附表面，这个深度也让鲍鱼腹足边缘难以接触到底面以形成完整密封，从而使腹足吸盘整体一直与外界相连通，确保鲍鱼腹足整体不能形成一个大的真空吸盘。沟槽的宽度为2mm、间距为8mm，这种尺寸的设计目的与通孔形测力板相一致。既可以确保不论鲍鱼吸附在测力板上的任何位置，腹足下面均有几条沟槽通过，且沟槽的宽度和数量不会对其他吸附力的形成产生过大影响。条纹凹槽形测力板的三维实体模型图如图4.18所示。加工后的条纹凹槽形亚克力板如图4.19所示。五种加工后的测力板如图4.20所示。

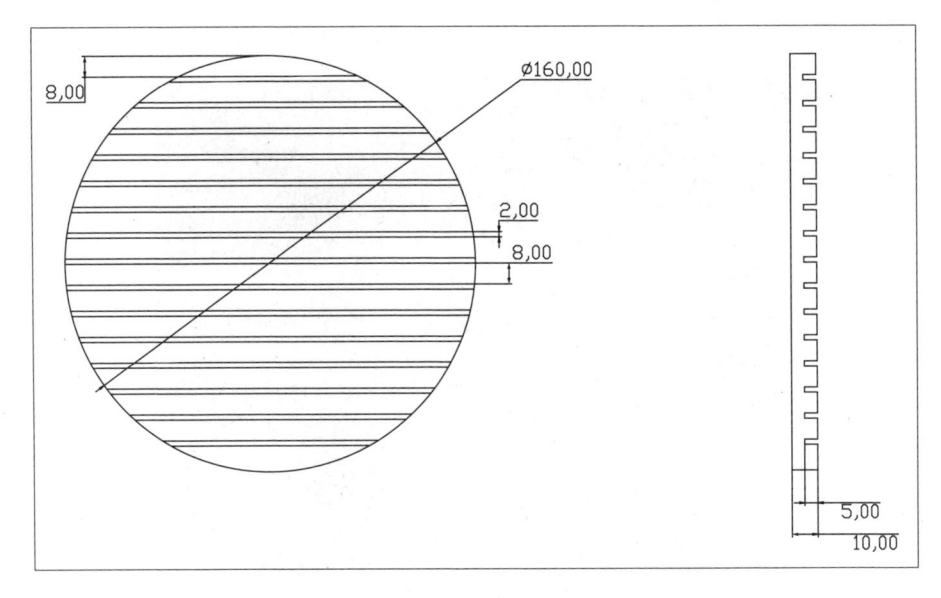

图4.17 条纹凹槽形测力板的设计简图

图4.18　条纹凹槽形测力板三维实体模型

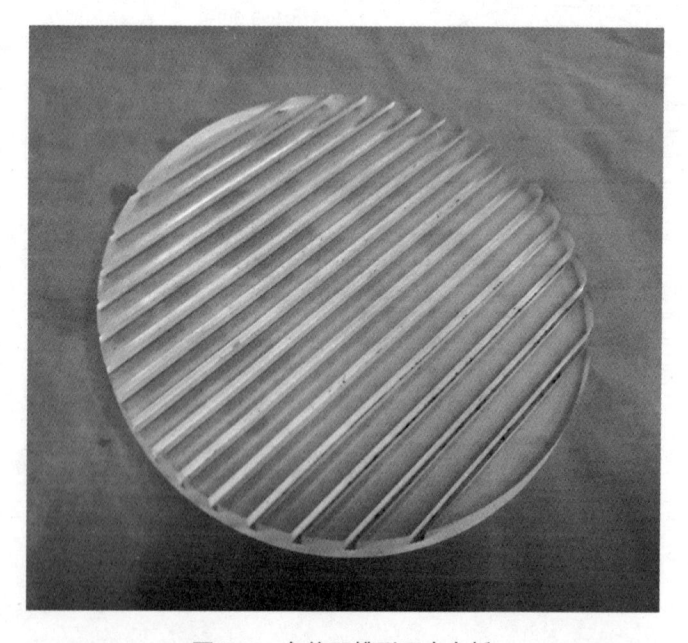

图4.19　条纹凹槽形亚克力板

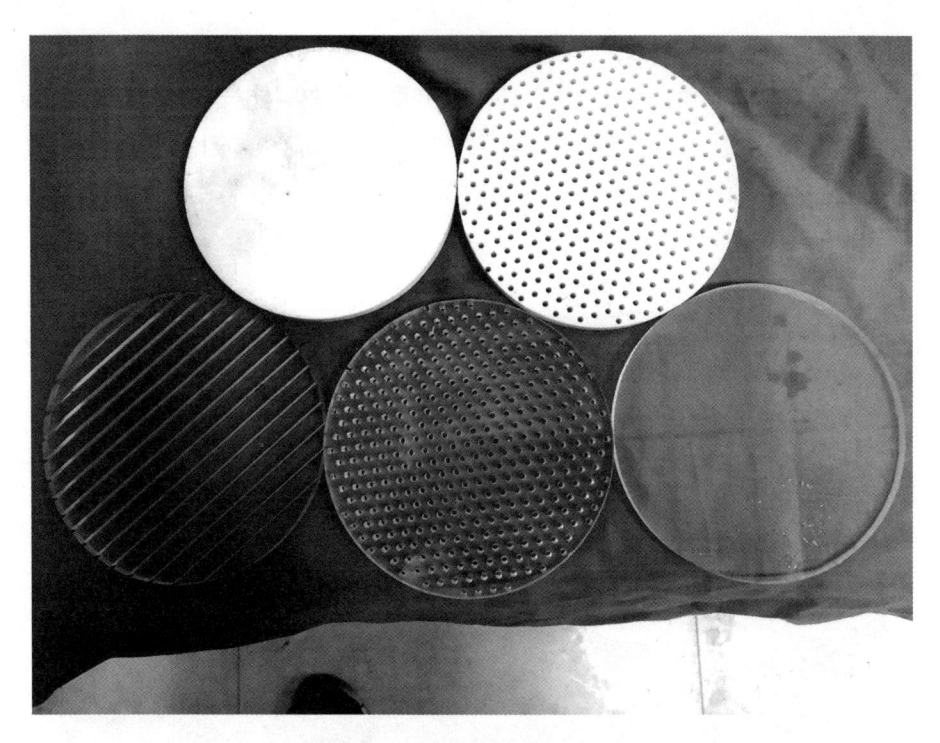

图4.20　加工后的五种测力板

4.3　试验过程与结果

4.3.1　试验中的相关设置

　　试验中所购买的鲍鱼大小在九头上下，鲍鱼质量均在50~65g。试验前首先将其放入水族箱中饲养几天，让其完全适应周围环境。然后将五只鲍鱼分别放置在五种测力板上，并使其逐渐与测力板吸附，吸附后将测力板放入漏筐底部，并将漏筐放入水族箱中，漏筐的作用是确保水族箱中的流动水可以从其内部流过，保证鲍鱼生存所需的流动水环境，具体如图4.21所示。待鲍鱼在测力板上稳定吸附24h后即可将其取出放在万能试验机上进行吸附力拉伸试验，每次试验的间隔为24h。试验中万能试验机向上提升的速度为100mm/min，试验中的万能试验机通过电脑进行控制，并将测量所得数据输出到电脑以备后期分析处理。

图4.21　水族箱中鲍鱼吸附在不同测力板上

4.3.2　试验结果

试验开始后左右吊钩开始逐渐向上移动并渐渐将鲍鱼外壳紧紧勾住，鲍鱼开始受到竖直向上的拉力。由于鲍鱼受到惊扰及向上的拉力，其腹足会紧紧地吸附到测力板上，腹足小丘会紧紧地向下挤压并收缩靠拢到腹足周围，形成一圈环绕在腹足周围的密封结构。随着万能试验机的向上移动，吊钩对鲍鱼的拉力越来越大,测量的拉力结果也逐渐增大。鲍鱼腹足中间区域的吸附状态首先消失,同时腹足边缘区域在拉力及腹足与测力板之间摩擦力的作用下也向中心区域移动,但整体的真空吸附作用并未发生失效,直到鲍鱼整体被从测力板上拉起,所测量的拉力结果达到最大,然后拉力瞬间变成零,图4.22~图4.26为鲍鱼在每种测力板上进行一次拉伸试验中拉力随万能试验机移动距离的具体变化,图中曲线最高点的拉力值即为鲍鱼腹足在测力板上的最大吸附力。由图4.22~图4.26可知,在拉伸试验开始阶段吊钩首先将鲍鱼外壳卡住并逐渐收紧,此时吊钩上基本没有受力。随着万能试验机逐渐向上提升,吊钩也开始渐渐受力,但由于鲍鱼身体具有一定伸缩性,因此吊钩上所受的力增长得相对缓慢。当鲍鱼身体的调整难以抵消吊钩的提升作用时,吊钩所受拉力迅速提高,并保持一定斜率不变,直到鲍鱼吸附力小于吊钩的拉力时脱开,此时吊钩所受的向下拉力瞬间变零,拉伸试验结束。

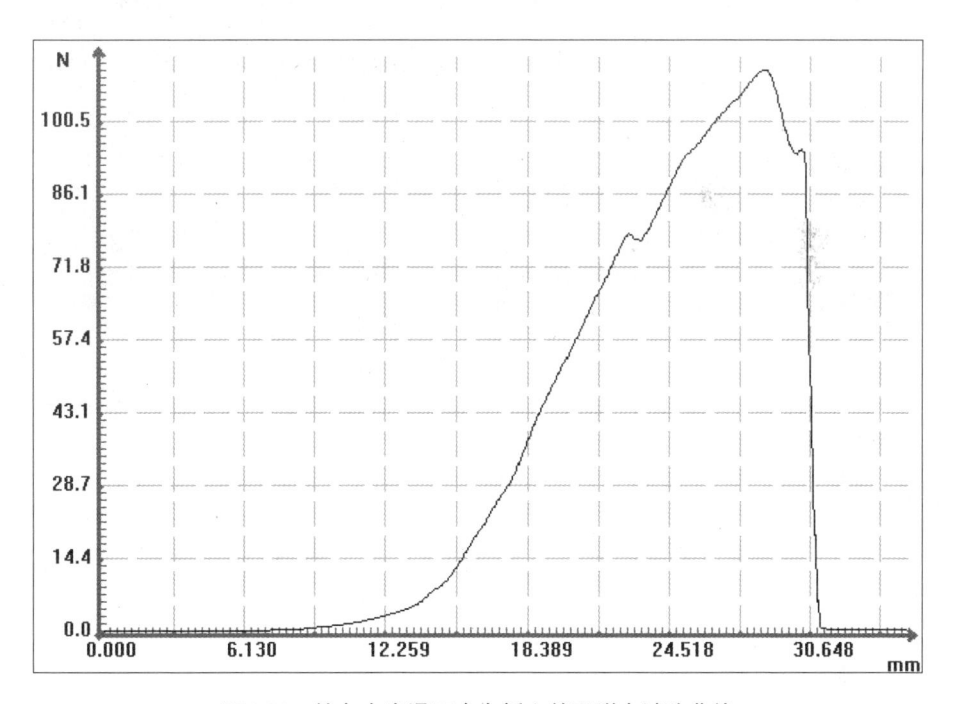

图4.22　鲍鱼在光滑亚克力板上的吸附力试验曲线

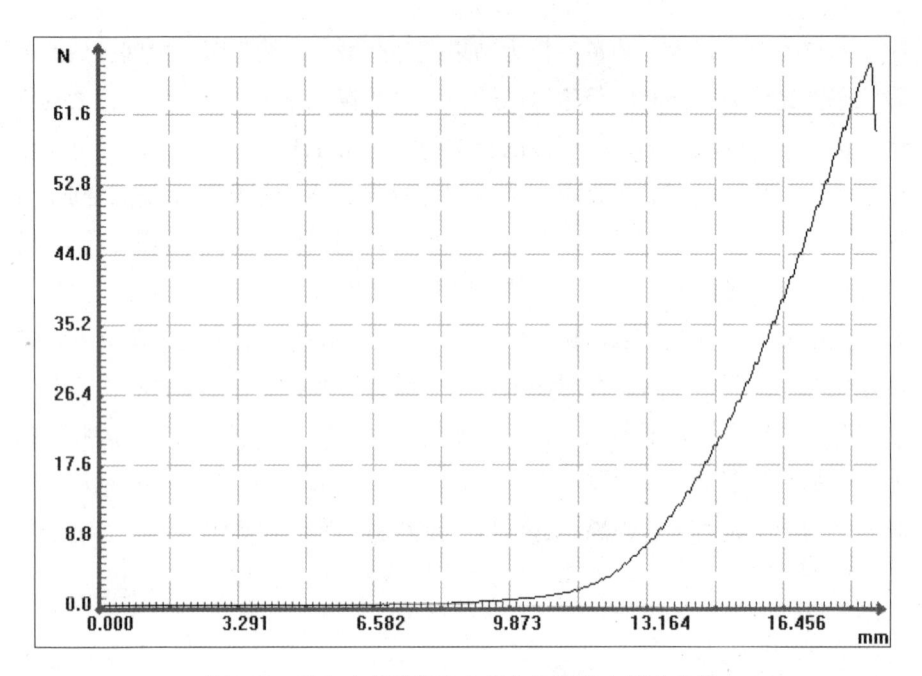

图4.23 鲍鱼在通孔亚克力板上的吸附力试验曲线

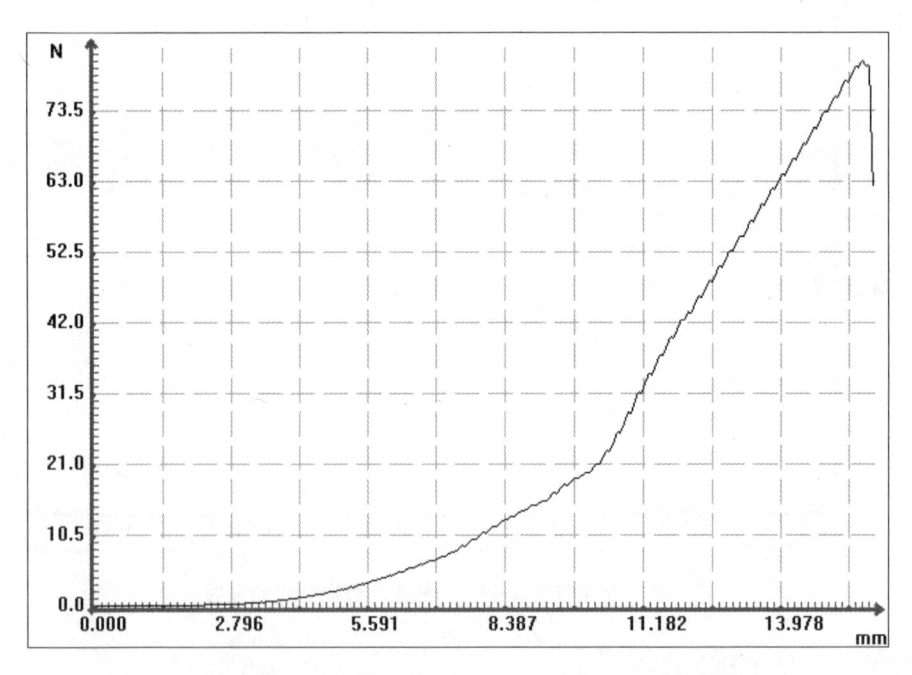

图4.24 鲍鱼在条纹凹槽亚克力板上的吸附力试验曲线

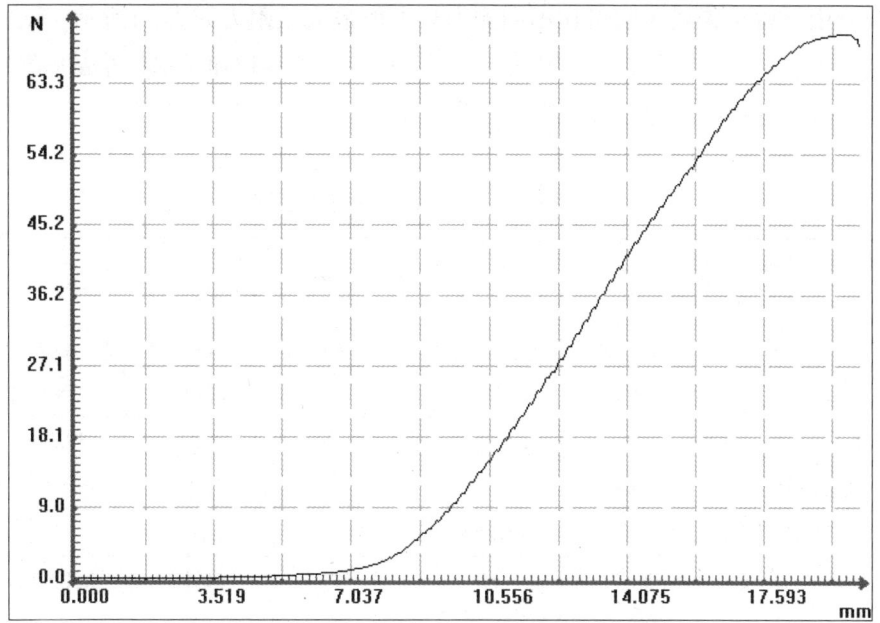

图4.25 鲍鱼在光滑特氟龙板上的吸附力试验曲线

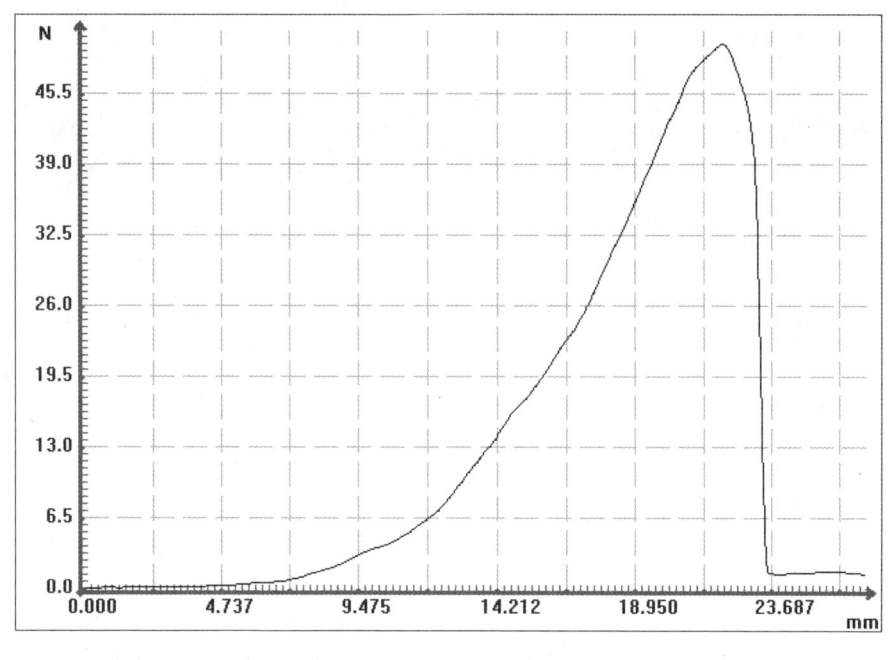

图4.26 鲍鱼在通孔特氟龙板上的吸附力试验曲线

由试验可得鲍鱼腹足在不同测力板上的最大吸附力如表4.1所示。试验结果保留拉伸时鲍鱼紧紧吸附到测力板上的值,放弃拉伸时鲍鱼外壳与腹足相互分离这种状态的鲍鱼吸附力结果。

表4.1 鲍鱼在不同测力板上的吸附力

最大吸附力（N）	测力板类型				
试验次数	光滑亚克力（N）	通孔亚克力（N）	凹槽亚克力（N）	光滑特氟龙（N）	通孔特氟龙（N）
1	109.7	44.51	54.6	96.33	38.34
鲍鱼质量（g）	60.8	39.4	50.5	53.6	55.1
2	112	64.53	34.61	80.78	35
鲍鱼质量（g）	58.8	60	35.8	50.4	58.6
3	122.5	71.3	62	48.25	75.68
鲍鱼质量（g）	56.5	51.7	38.1	54.9	54.8
4	93.1	48.95	47.47	61.62	50.31
鲍鱼质量（g）	55.5	56.7	37.5	54.9	59.2
5	108.1	41	104.2	75.48	50.04
鲍鱼质量（g）	60.5	35.3	54	53.4	56.6
6	119.8	59.32	54.28	78.75	55.07
鲍鱼质量（g）	63.4	57.2	63	53.9	50.6
7	88.46	63.34	104.9	111.8	40.66
鲍鱼质量（g）	55.5	51.4	51.4	54.9	48
8	100	67.74	80.82	69.61	53.74
鲍鱼质量（g）	58	53.2	55.1	53.1	58
9	110.5	73.76	45	77.51	37.05
鲍鱼质量（g）	53.3	54	45.8	52.1	52.9
10	106	80.61	54.2	76.08	49.32
鲍鱼质量（g）	51.9	54.5	73.8	50.2	54.5

为了分析不同测力板对鲍鱼吸附力的影响,需要对鲍鱼在不同测力板上

的吸附力测量结果进行统一，因此应当求取鲍鱼腹足的吸附应力，即用鲍鱼腹足的吸附力除以腹足面积，如公式（4-1）所示。其中f为吸附应力，F为鲍鱼在测力板上的吸附力，A为鲍鱼腹足面积。

$$f = F/A \tag{4-1}$$

由于拉伸试验中所用鲍鱼的质量各不相同，且鲍鱼腹足的吸附是一个缓慢的过程，因此每次做拉伸试验时测量鲍鱼腹足的吸附面积不但费时且在实际中很难操作。为了迅速得到鲍鱼的腹足面积A以求取腹足的吸附应力f，在拉伸试验开始之前首先测量刚刚采购的鲍鱼在吸附状态下的腹足面积，并用电子秤测量其相应的质量，求取两者之间的比例。为以后在试验中得到鲍鱼腹足吸附力后通过测量其质量并根据质量与腹足吸附面积的比例关系求取公式（4-1）中的面积A做必要的准备。鲍鱼腹足面积测量的具体过程为：首先让鲍鱼缓慢地吸附到水族箱侧壁的玻璃内壁上，待腹足逐渐展开并完全吸附到玻璃内壁上。等到鲍鱼吸附到内壁并静止时，闭上一只眼并用彩笔沿着鲍鱼腹足边缘在玻璃的外壁描出其外轮廓，然后用尺子测量出腹足外轮廓椭圆的长轴和短轴长度。根据椭圆面积的计算公式$A=\pi ab$，计算得到鲍鱼吸附时的腹足面积。试验共选取了10只鲍鱼，分别计算其腹足面积与质量的比值，并求取10个比值中的平均值，具体如表4.2所示。根据表4.2可知，测量10只鲍鱼腹足吸附时的展开面积（mm^2）与质量（g）比值的平均值为43.15。

表4.2　鲍鱼腹足面积与质量的比例

测量数据测量次数	腹足椭圆长轴（mm）	腹足椭圆短轴（mm）	腹足面积（mm^2）	鲍鱼质量（g）	比值
1	70	44	2417	54.6	44.3
2	64	40	2010	54.3	37
3	72.5	48.5	2760	58.3	47.3
4	62	43	2093	56.1	37.3
5	61	40	1915	52.2	36.7
6	62	50.5	2508	51.5	48.7

续表

测量数据 测量次数	腹足椭圆长轴 （mm）	腹足椭圆短轴 （mm）	腹足面积 （mm^2）	鲍鱼质量 （g）	比值
7	66	50	2583	53.8	48
8	67.5	51.1	2706	57.5	47
9	71	43.9	2446	58.2	42
10	68	49.2	2624	60.7	43.2
平均值	66.4	46.02	2406.2	55.72	43.15

根据表4.1中鲍鱼在不同测力板上的吸附力测量值以及鲍鱼相应的质量，并结合表4.2中根据鲍鱼腹足面积以及鲍鱼质量计算出比值的平均值，得到鲍鱼在五种不同测力板上的吸附应力，如表4.3所示，从而得到每种测力板的吸附应力平均值。

表4.3 鲍鱼腹足在五种不同测力板上的吸附应力

应力值（kPa） 试验次数	测力板类型				
	光滑亚克力	通孔亚克力	凹槽亚克力	光滑特氟龙	通孔特氟龙
1	41.81	26.18	25.06	41.65	16.13
2	44.14	24.92	22.40	37.14	13.84
3	50.25	31.96	37.71	20.37	32.01
4	38.88	20.01	29.34	26.01	19.69
5	41.41	26.92	44.72	32.76	20.49
6	43.79	24.03	19.97	33.86	25.22
7	36.94	28.56	47.30	47.19	19.63
8	39.96	29.51	33.99	30.38	21.47
9	48.05	31.66	22.77	34.48	16.23
10	47.33	34.28	17.02	35.12	20.97
平均值	43.26	27.8	30.03	33.9	20.57

鲍鱼腹足在五种不同测力板上的吸附应力平均值如图4.27所示。由图4.27可知，光滑亚克力板的平均应力值最大，光滑特氟龙板次之，具有通孔或条纹凹槽的亚克力板的应力值均小于光滑亚克力板，符合一般性规律。其

中条纹凹槽形亚克力板应力值比通孔亚克力板应力值稍大，平均应力值最小的为通孔特氟龙板，同样符合测力板本身的材料性质及通孔结构。

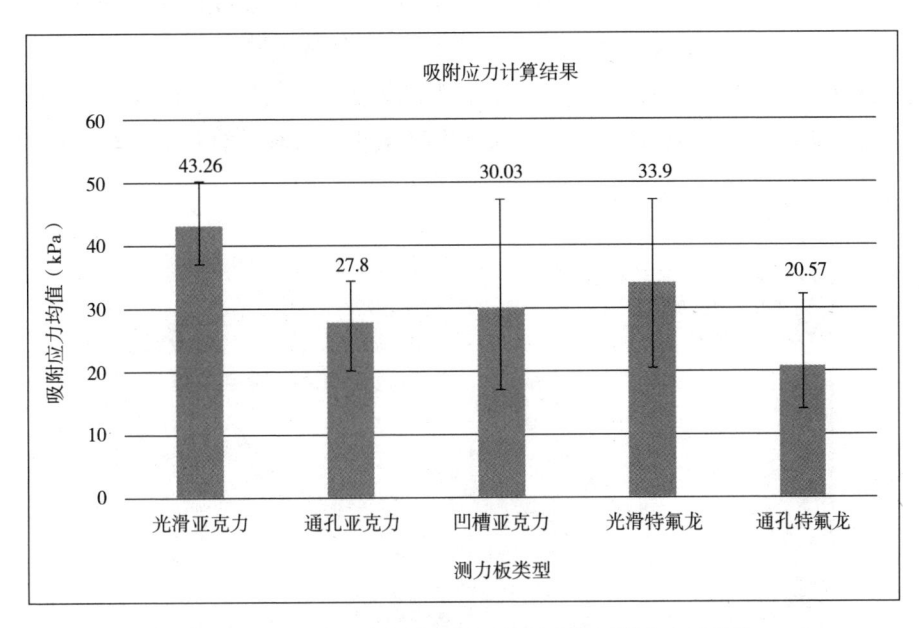

吸附应力计算结果

测力板类型	吸附应力均值（kPa）
光滑亚克力	43.26
通孔亚克力	27.8
凹槽亚克力	30.03
光滑特氟龙	33.9
通孔特氟龙	20.57

图4.27 鲍鱼腹足在五种不同测力板上的吸附应力平均值

为了分析不同材料、结构形态的测力板对鲍鱼吸附力的影响，需要根据表4.3中鲍鱼在五种不同测力板上的吸附应力值进行相关理论计算，因此首先对表4.3中结果进行显著性检验，以确保鲍鱼在不同测力板上所测得的吸附应力值的差异性。本书所使用的软件为IBM公司推出的统计学分析运算软件SPSS22.0[155-156]，以验证鲍鱼在不同测力板上的吸附应力是否存在显著性差异，由于每个测力板上吸附应力值总体分布的具体情况尚不清楚，同时不同测力板上的吸附应力方差不同，因此选用非参数检验中实用性较强的秩和检验，这种方法具有不受总体分布限制、适用面广、易于理解计算等优点。由于需要选取两个独立样本进行两两分析，因此在SPSS软件的变量视图中定义两个变量a、b，两个变量的其他数据类型选择默认即可。然后返回到SPSS软件的数据视图，出现刚刚定义的变量a、b两列。在变量a列的1~10行中输入数值1，在11~20行中输入数值2。然后将表4.3中光滑亚克力和通孔亚克力所代表的两列吸附应力值（每列10个）输入到SPSS软件的数据视图b列中，1～10行输入光滑亚克力值，并与a列对应。11～20行输入通孔亚克力值，并与b列对应。然后选择菜单栏中的分析—非参数检验—旧对话框—2个独立样本选项，在检验变量列表中选取b，在分组变量中选取a，并在定义组的组1、组2中分别输入1、2，检验类型选择最常用的Mann-Whitney U，然后输出结果，图4.28为用SPSS软件输入相关数据及选择计算程序进行分析的过程。

图4.28　使用SPSS软件对鲍鱼吸附应力进行显著性分析

鲍鱼在不同测力板上吸附应力的显著性分析结果如表4.4所示。由表4.4中秩和检验结果可知，鲍鱼腹足在不同类型测力板上的吸附应力具有明显的不同，鲍鱼在光滑亚克力板（a）上的吸附应力要远远大于在通孔亚克力（b）、条纹凹槽亚克力（c）以及光滑特氟龙（d）上的吸附应力，经显著性检验可知，这三种测力板的P值分别为小于0.001、0.008、0.004，均小于0.01，因此具有显著性差异。同样鲍鱼在光滑特氟龙与通孔特氟龙（e）测力板上的吸附应力经显著性检验可知，P值小于0.001，同样具有明显的差异性。由此可知，测力板表面是否密闭对鲍鱼的吸附力具有影响。

表4.4　鲍鱼在五种不同测力板上吸附应力的显著性分析结果

测力板类型	P值	说明
a	—	—
b	小于0.001	与a比较
c	0.008	与a比较
d	0.004	与a比较
e	小于0.001	与a比较

4.4　鲍鱼吸附力中各种力的组成

根据第1章对水生生物吸附系统的分析可知，水生生物主要通过真空负压力、范德华力、毛细力等方法进行吸附活动，由于本书主要以鲍鱼作为研究对象，且根据对其吸附活动以及身体结构形态的观察可知，鲍鱼的吸附活动同样通过以上几种类型的吸附力进行吸附活动。基于鲍鱼强大的吸附能力，一些研究人员已经对鲍鱼的吸附活动以及吸附力进行了相关的研究，如中国石油大学的李静等人通过对鲍鱼吸附力的研究发现，其吸附力的主要来源是腹足的真空负压力、范德华力和毛细力。美国加州大学材料科学与工程学院的A.Y.M. Lin等人通过对美国红鲍鱼腹足吸附力进行研究发现，范德华力和毛细力同样都在鲍鱼的吸附过程中发挥着作用。这些研究人员通过试验的方法对鲍鱼吸附力的组成以及吸附机理进行了分析，并得到了吸附力中各种力的组成类型，但并未给出每种吸附力在总吸附力中的占比情况。本书拟通过计算并结合试验的方法对鲍鱼各种吸附力的组成以及具体所占比例进行分析。

4.4.1 吸附力的组成与计算

通过对鲍鱼腹足吸附时的观察以及科研人员对鲍鱼吸附力组成的研究可知，真空负压力在鲍鱼的吸附作用中发挥着重要作用，并且是腹足吸附力的重要组成部分。基于此种认识，首先对鲍鱼吸附力中真空负压力这部分进行计算与分析。假设鲍鱼吸附时其完全展开的腹足下面没有空气，即真空度为100%。然后选取表4.1中两种光滑的测力板，即光滑亚克力板和光滑特氟龙板这两列中每列各10只的鲍鱼腹足面积作为公式$F=PS$中的S，由于假设鲍鱼的真空度为100%，即腹足下面没空气，因此P为大气压强，为1.01×10^5Pa，计算得到两种类型测力板上总共20只鲍鱼中由真空负压力所产生的吸附力，其值全部大于200N，计算结果如表4.5所示。已经全部大于表4.1中这20只鲍鱼在光滑亚克力和光滑特氟龙测力板上的吸附力，这还仅仅是真空负压力部分，并未计算鲍鱼腹足吸附力中其他力的作用，因此鲍鱼在吸附时，腹足下面的真空度远远小于100%。

表4.5 真空度为100%时作用在鲍鱼腹足上的真空负压力

测力板类型	鲍鱼腹足面积（mm^2）	真空负压力（N）
光滑亚克力	2623.52	264.9755
光滑亚克力	2537.22	256.2592
光滑亚克力	2437.975	246.2355
光滑亚克力	2394.825	241.8773
光滑亚克力	2610.575	263.6681
光滑亚克力	2735.71	276.3067
光滑亚克力	2394.825	241.8773
光滑亚克力	2502.700	252.7727
光滑亚克力	2299.895	232.2894

续表

测力板类型	鲍鱼腹足面积（mm²）	真空负压力（N）
光滑亚克力	2239.485	226.1880
光滑特氟龙	2312.840	233.5968
光滑特氟龙	2174.760	219.6508
光滑特氟龙	2368.935	239.2624
光滑特氟龙	2368.935	239.2624
光滑特氟龙	2304.210	232.7252
光滑特氟龙	2325.785	234.9043
光滑特氟龙	2368.935	239.2624
光滑特氟龙	2291.265	231.4178
光滑特氟龙	2248.115	227.0596
光滑特氟龙	2166.130	218.7791

4.4.1.1 吸附力中范德华力的分析计算

鲍鱼吸附时其腹足下面的真空度远小于100%，但具体数值难以预测，因此首先对腹足吸附力中其他力进行计算，然后分析真空负压力。腹足吸附力中的另一组成部分为范德华力，其在吸附力的组成中同样占据着重要部分。在宏观上常常可以观察到腹足吸附力中的范德华力发挥作用，如鲍鱼常常可以利用腹足的任意一小部分吸附到物体上，且吸附作用较强，这显然不是其他吸附力可以达到的。从对鲍鱼腹足的微观观察可知，其腹足由大量尺寸在微米级的纤维组成，每条纤维在与物体接触时都可以形成范德华力。因此本书首先计算单条纤维的范德华力，然后根据单位面积上纤维的条数计算整个鲍鱼腹足面积上能产生的范德华力，计算公式采用3.4.2节中列出的公式。根据公式（3-11）与公式（3-12）可得单条纤维的拉力 p 如公式（4-2）所示。

$$p = \frac{AR}{16D_0^2} \quad (4-2)$$

式中，A为Hamaker常数，其值约为6×10^{-2}J；$D_0=0.165$m是一个常数，适用于大多数材料。R为腹足纤维半径，根据第2章图2.11中的观察测量，其纤维半径R约为1～1.5μm。通过计算得到单条纤维与接触面所形成的范德华力约为135～200nN。为了计算整个鲍鱼腹足在吸附状态时的范德华力，分别在第2章的图2.7、图2.8、图2.9中选取一定面积并读取其中腹足纤维的根数，通过对三个图中纤维根数做均值计算可知，在50×50μm的面积上腹足纤维约为120~140根，通过开方得知在50μm的距离上纤维根数约为11～12根（其中$11^2=121$，$12^2=144$），每根纤维的直径为2～3μm，在50μm的距离上排列11～12根，其余空间为纤维之间的空隙，空隙尺寸完全符合腹足纤维之间的排列距离。以上分析说明，对单位面积上腹足纤维根数的读取符合扫描电镜所拍摄的纤维实际排列情况。根据单根纤维所产生的范德华力，计算表4.1中鲍鱼在测力板上的范德华力，由于鲍鱼腹足在光滑亚克力和光滑特氟龙测力板上的吸附面积都与腹足实际面积相同，因此可以按鲍鱼腹足的实际面积进行计算。而鲍鱼在通孔亚克力、条纹凹槽亚克力和通孔特氟龙这三种测力板上的实际吸附面积均小于其腹足面积，因此在计算范德华力时需要去掉这部分面积。每次将鲍鱼放在条纹凹槽亚克力测力板上让其逐渐吸附为下次试验做准备时，由于放置方向的任意性、鲍鱼在测力板上的自由移动以及鲍鱼对水流的趋向作用，因此难以确保每次试验鲍鱼与条纹形凹槽呈现稳定的方向性。为了计算范德华力时去掉鲍鱼腹足在条纹凹槽上的这部分非接触面积，本书假设了鲍鱼在吸附时与条纹形凹槽呈现的三个方向，分别为腹足椭圆长轴与条纹凹槽平行，垂直和呈45°角，具体如图4.29所示。根据图4.29可以计算出表4.1中鲍鱼腹足椭圆在三个方向上覆盖到条纹凹槽测力板上的面积，具体如表4.6所示。

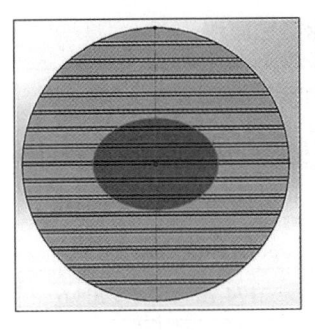

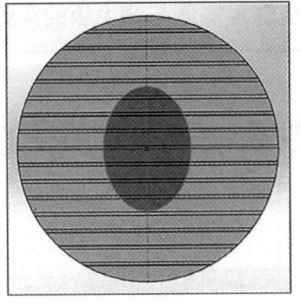

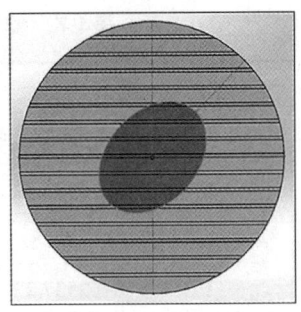

图4.29 腹足椭圆与条纹形凹槽形成的三个方向（中间椭圆部分为鲍鱼腹足椭圆简图）

表4.6 腹足椭圆分别在三个方向上覆盖到条纹凹槽上的面积（单位：mm）

腹足椭圆与条纹凹槽形成的角度	0°	90°	45°	均值
覆盖的面积	448.23	430.59	428.95	435.92
	298.56	296.03	321.06	305.22
	307.83	317.27	339.31	321.47
	310.44	314.32	335.05	319.94
	471.06	474.60	450.08	465.25
	551.08	556.20	532.00	546.43
	457.90	451.20	434.43	447.84
	486.54	483.81	460.41	476.92
	388.20	390.50	401.48	393.39
	628.88	627.58	650.90	635.79

通孔亚克力和通孔特氟龙测力板在计算范德华力时同样需要去掉孔的面积，由于通孔测力板上的孔的分布方向均匀一致，因此不存在条纹形亚克力板上的腹足椭圆方向问题，只需计算出腹足椭圆覆盖的孔数即可得到覆盖面积，计算相对简单。通过计算得到五种测力板与鲍鱼腹足椭圆接触的实际面积如表4.7所示。

表4.7 鲍鱼腹足椭圆与测力板的实际接触面积

试验次数	腹足椭圆与测力板接触面积（mm²）				
	光滑亚克力	通孔亚克力	凹槽亚克力	光滑特氟龙	通孔特氟龙
1	2623.52	1410.445	1743.075	2312.84	2087.9
鲍鱼质量（g）	60.8	39.4	50.5	53.6	55.1
2	2537.22	2264.01	1239.553	2174.76	2203.6
鲍鱼质量（g）	58.8	60	35.8	50.4	58.6
3	2437.975	1941.19	1322.545	2368.935	2074.955
鲍鱼质量（g）	56.5	51.7	38.1	54.9	54.8
4	2394.825	2121.615	1298.188	2368.935	2229.49
鲍鱼质量（g）	55.5	56.7	37.5	54.9	59.2
5	2610.575	1219.4	1864.853	2304.21	2138.495
鲍鱼质量（g）	60.5	35.3	54	53.4	56.6
6	2735.71	2199.71	2172.023	2325.785	1914.92
鲍鱼质量（g）	63.4	57.2	63	53.9	50.6
7	2394.825	1970.635	1770.067	2368.935	1823.925
鲍鱼质量（g）	55.5	51.4	51.4	54.9	48
8	2502.7	1977.655	1900.645	2291.265	2184.775
鲍鱼质量（g）	58	53.2	55.1	53.1	58
9	2299.895	2040.435	1582.877	2248.115	1992.97
鲍鱼质量（g）	53.3	54	45.8	52.1	52.9
10	2239.485	2062.01	2548.683	2166.13	2062.01
鲍鱼质量（g）	51.9	54.5	73.8	50.2	54.5

根据公式（4-2）中所计算的单根腹足纤维与接触面所形成的范德华力在135~200nN，且在腹足纤维微观图像中的50×50μm区域中具有120~140根腹足纤维，通过这两个条件并结合鲍鱼在五种测力板上的实际接触面积即可计算出表4.7中每个鲍鱼腹足在五种测力板上所受到的范德华力。具体值如表4.8所示。

表4.8 鲍鱼腹足椭圆所受到的范德华力

试验次数	范德华力（N）									
	光滑亚克力		通孔亚克力		凹槽亚克力		光滑特氟龙		通孔特氟龙	
	最小值（N）	最大值（N）	最小值（N）	最大值（N）	最小值（N）	最大值（N）	最小值（N）	最大值（N）	最小值（N）	最大值（N）
1	17.00	29.38	9.14	15.80	11.30	19.52	14.99	25.90	13.53	23.38
2	16.44	28.42	14.67	25.36	8.03	13.88	14.09	24.36	14.28	24.68
3	15.80	27.31	12.58	21.74	8.57	14.81	15.35	26.53	13.45	23.24
4	15.52	26.82	13.75	23.76	8.41	14.54	15.35	26.53	14.45	24.97
5	16.92	29.24	7.90	13.66	12.08	20.89	14.93	25.81	13.86	23.95
6	17.73	30.64	14.25	24.64	14.07	24.33	15.07	26.05	12.41	21.45
7	15.52	26.82	12.77	22.07	11.47	19.82	15.35	26.53	11.82	20.43
8	16.22	28.03	12.82	22.15	12.32	21.29	14.85	25.66	14.16	24.47
9	14.90	25.76	13.22	22.85	10.26	17.73	14.57	25.18	12.91	22.32
10	14.51	25.08	13.36	23.09	16.52	28.55	14.04	24.26	13.36	23.09

得到表4.8中鲍鱼在测力板上的最小和最大范德华力后，取两者均值得到表4.9。

表4.9 鲍鱼腹足椭圆所受到的范德华力均值

试验次数	范德华力均值（N）				
	光滑亚克力	通孔亚克力	凹槽亚克力	光滑特氟龙	通孔特氟龙
1	23.19	12.47	15.41	20.45	18.46
2	22.43	20.01	10.96	19.22	19.48
3	21.55	17.16	11.69	20.94	18.34
4	21.17	18.76	11.48	20.94	19.71
5	23.08	10.78	16.49	20.37	18.90
6	24.18	19.45	19.20	20.56	16.93
7	21.17	17.42	15.65	20.94	16.12

续表

试验次数	范德华力均值（N）				
	光滑亚克力	通孔亚克力	凹槽亚克力	光滑特氟龙	通孔特氟龙
8	22.12	17.48	16.80	20.25	19.31
9	20.33	18.04	13.99	19.87	17.62
10	19.80	18.23	22.53	19.15	18.23

根据表4.9中范德华力的均值可以看出，其值均小于表4.1中相对应的鲍鱼腹足吸附力，且均值与吸附力在同一数量级。腹足在光滑亚克力上的范德华力在20N左右，与宏观上观察到的鲍鱼的吸附情况相类似。由表4.9中腹足椭圆所受到的范德华力均值，即可得到其应力均值，因此腹足吸附力中由范德华力产生的吸附应力为8.84kPa。

4.4.1.2 吸附力中液桥力的分析计算

由于鲍鱼属于海洋软体动物，其吸附时腹足与吸附面之间存在液体层，会产生毛细力，因此液桥力也是其吸附力中的一部分。在拉伸试验中当将鲍鱼和测力板从水族箱中取出时，鲍鱼腹足与测力板之间均有水的存在，同样会相应地产生液桥力。因此计算液桥力是鲍鱼吸附力组成分析中必不可少的一部分。根据第3章3.3.2节中的公式（3-8），即可得到鲍鱼吸附时腹足完全展开状态下所受到的液桥力。因此需要根据实际试验情况对公式（3-8）中的相关参数进行测量与计算。公式（3-8）中γ为液体的表面张力，根据鲍鱼所在水族箱中水的盐度以及试验室温度，可以确定液体的表面张力γ为73mN/m；A为固体被液体湿润的面积，具体值如表4.7所示；θ_1与   分别为鲍鱼与测力板的接触角，其中鲍鱼腹足、亚克力板、特氟龙板上的接触角分别为0°、85°、114°。d为腹足表面与测力板之间的距离。由于鲍鱼腹足为椭圆结构，因此主曲率半径r_2不为0。由表4.7中可知，鲍鱼腹足在光滑亚克力板上的面积均值约为2477.6mm²，因此计算曲率半径r_2值约为28。l_a为鲍鱼被湿润面积的周长，约为175mm。由于鲍鱼腹足表面与测力板之间的距离d未知，因此液桥力f_a未知。本书通过试验测量鲍鱼腹足在吸附状态下的液桥力。试验方法及相关设置与前述鲍鱼吸附力拉伸试验相同，唯一不同的是所用的鲍鱼为腹足完全展开但已经死亡的鲍鱼，这种鲍鱼腹足已经完全展开，与活鲍鱼在吸附状态下的形态完全一致，不同的是死亡鲍鱼的腹足没有形成真空负压力和范德华力的吸附作用，但不影响液桥力的形成。通过试验测量得到鲍鱼在光滑亚克力测力板上的吸附力如表4.10所示。由表4.10中液桥吸附应力的平均值0.47 kPa，即可计算出鲍鱼在光滑亚克力板上的液桥力为1.16N。将以上参数代入公式（3-8）中，即可计算出腹足表面与测力板之间的距离d为169μm。根据表4.7中鲍鱼腹足在光滑特氟龙板上的面积均值约为2293mm^2，曲率半径r_2值约为27，由此即可求出鲍鱼腹足在光滑特氟龙上的液桥力值为0.6N。相应的液桥吸附应力值为0.26kPa。

表4.10　鲍鱼腹足在光滑亚克力板上的液桥力测量值

序号	鲍鱼质量（g）	液桥力（N）	液桥吸附应力（kPa）
1	44.6	0.807	0.42
2	44.6	1.163	0.60
3	44.6	0.799	0.42
4	51.3	0.975	0.44
均值	46.275	0.936	0.47

通过试验测量得到鲍鱼腹足在光滑特氟龙测力板上的液桥力如表4.11所示。

表4.11　鲍鱼腹足在光滑特氟龙板上的液桥力测量值

序号	鲍鱼质量（g）	液桥力（N）	液桥吸附应力（kPa）
1	58.3	0.636	0.25
2	52.2	0.697	0.31
3	52.2	0.55	0.25
4	49.5	0.673	0.32
5	52.6	0.483	0.21
均值	52.96	0.61	0.27

由表4.11可知，鲍鱼腹足在光滑特氟龙板上液桥吸附应力的平均值0.27kPa，而根据公式（3-8）计算得到的液桥吸附应力值为0.26kPa。说明理论计算与实际测量相符合，计算与实际测量结果较为正确。根据表4.10与表4.11中对鲍鱼腹足液桥吸附力的测量可知，试验所用鲍鱼的液桥吸附力普遍在1N左右或者小于1N，与鲍鱼的在各种测力板上的总吸附力相比很小，因此由毛细作用产生的鲍鱼在测力板上的液桥力在总吸附作用中占比很小。可以推断，液桥力在鲍鱼腹足的吸附中更多扮演的是密封作用，通过液桥作用形成连接鲍鱼腹足与测力板之间的水层，填补了腹足与测力板之间的缝隙，隔断吸盘内外气体的流通，增强了腹足与测力板之间的密封性，间接地提高了腹足的吸附作用。

4.4.1.3 吸附力中真空负压力的分析计算

基于对鲍鱼腹足吸附力的组成分析以及吸附力中范德华力和液桥力的分析计算，对由真空负压作用引起的腹足吸附力进行分析。由于鲍鱼腹足吸附力主要由真空负压力、范德华力以及液桥力组成，且液桥力的占比很小，因此将鲍鱼总的吸附力减去范德华力部分即可得到腹足的真空负压力，由于液桥力相对很小，可忽略不计。通过将表4.1中鲍鱼腹足在不同测力板上的总吸附力减去表4.9中鲍鱼在不同测力板上的范德华力，即可得到鲍鱼腹足在不同测力板上由真空负压所产生的吸附力，如表4.12所示。根据表4.1中鲍鱼的质量，可以求出由真空负压力所产生的吸附应力以及鲍鱼腹足在吸附时的真空度，具体如表4.13所示。

表4.12 鲍鱼腹足由真空负压所产生的吸附力

真空吸附力（N）	测力板类型				
试验次数	光滑亚克力（N）	通孔亚克力（N）	凹槽亚克力（N）	光滑特氟龙（N）	通孔特氟龙（N）
1	86.51	32.04	39.19	75.88	19.88
2	89.57	44.52	23.65	61.56	15.52

续表

真空吸附力（N）试验次数	测力板类型				
	光滑亚克力（N）	通孔亚克力（N）	凹槽亚克力（N）	光滑特氟龙（N）	通孔特氟龙（N）
3	100.95	54.14	50.31	27.31	57.34
4	71.93	30.19	35.99	40.68	30.6
5	85.02	30.22	87.71	55.11	31.14
6	95.62	39.87	35.08	58.19	38.14
7	67.29	45.92	89.25	90.86	24.54
8	77.88	50.26	64.02	49.36	34.43
9	90.17	55.72	31.01	57.64	19.43
10	86.2	62.38	31.67	56.93	31.09

表4.13 鲍鱼腹足由真空负压所产生的吸附应力

应力值（kPa）试验次数	测力板类型				
	光滑亚克力	通孔亚克力	凹槽亚克力	光滑特氟龙	通孔特氟龙
1	32.97	18.85	17.98	32.81	8.36
2	35.30	17.20	15.31	28.31	6.14
3	41.41	24.27	30.60	11.53	24.25
4	30.04	12.34	22.24	17.17	11.98
5	32.57	19.84	37.64	23.92	12.75
6	34.95	16.15	12.90	25.02	17.47
7	28.10	20.70	40.24	38.35	11.85
8	31.12	21.89	26.93	21.54	13.76
9	39.21	23.91	15.69	25.64	8.51
10	38.49	26.53	9.95	26.28	13.22
均值	34.42	20.17	22.95	25.06	12.83
真空度	33.97%	19.90%	22.65%	24.73%	12.66%
占总吸附力比重	79.57%	72.55%	75.42%	73.92%	62.37%

由表4.13中鲍鱼腹足在五种测力板上的真空度可知,腹足的真空度均小于40%,并没有宏观观察到达到或接近100%的程度,可能在鲍鱼实际的生存环境中并不需要这么大的真空度,也可能鲍鱼靠自身腹足的伸缩形成不了过高的真空度,或者其自身身体也难以承受过大真空度产生的负压力。鲍鱼腹足在通孔亚克力板和通孔特氟龙板上均有真空吸附作用,说明即使腹足下面具有大量均匀分布的通孔,鲍鱼腹足同样可以形成密封空间。通过观察发现,由于鲍鱼腹足具有一定的伸展性,鲍鱼腹足会稍微挤入通孔中将通孔堵住,从而使腹足形成一个密闭的吸盘结构,但由于下面通孔的存在,鲍鱼的真空负压吸附力会损失一部分。因此鲍鱼在通孔测力板上的真空度会相应降低。条纹凹槽亚克力板使鲍鱼无论以什么方向吸附到测力板表面,其腹足下面均有条纹形沟槽通过,并且沟槽很深,腹足的变形不能伸入到沟槽底部形成密封结构,这也使得鲍鱼腹足底部始终与外界相连通,导致鲍鱼腹足在条纹形沟槽测力板上不能形成一个完整的吸盘结构,因此鲍鱼在真空负压力下形成的吸附力会下降。但鲍鱼仍然具有真空吸附作用,说明腹足与条纹沟槽测力板的接触部分会形成局部的真空负压力。同样是光滑测力板,亚克力板的真空度要比特氟龙板的真空度大,说明从总吸附力中去掉了范德华力和影响很微小的液桥力之后,还有其他力对鲍鱼的吸附作用产生影响。根据第1章中对生物吸附机理的介绍可知,腹足与测力板之间的摩擦力同样对吸附作用产生影响,由于亚克力板的摩擦系数为0.8,而特氟龙板的摩擦系数极低,为0.04,因此当拉伸试验中鲍鱼腹足受到向上的拉力时,腹足会紧缩并阻止其向中间滑动。由于亚克力板的摩擦系数高于特氟龙板,因此腹足抵御向内缩的摩擦力会更大,从而提高了真空负压力的吸附效果。从通孔亚克力板和通孔特氟龙板的真空度中同样可以发现这一现象。

根据表4.13中鲍鱼在五种测力板上由真空负压力所产生的吸附力均值可知,五种测力板上的吸附力中都有真空负压力作用,且真空负压力占总吸附力的比重均超过了60%。说明不仅是光滑测力板,在通孔测力板与条纹凹槽测力板中均有由鲍鱼腹足的真空负压作用产生的吸附力,且均在总吸附力中占比最大,对吸附力的大小起着重要作用。

4.5 腹足吸附力中各种力的组成比例

为了计算得到各种吸附方式所占总吸附力的比值,首先比较表4.9中鲍鱼在五种测力板上范德华力的均值与表4.1中鲍鱼在五种测力板上的总吸附力,得到范德华力在总吸附力中的比例,具体如表4.14所示。

表4.14 鲍鱼腹足总吸附力中范德华力所占比例

比例(%) 试验次数	测力板类型				
	光滑亚克力	通孔亚克力	凹槽亚克力	光滑特氟龙	通孔特氟龙
1	21.14%	28.02%	28.22%	21.23%	48.15%
2	20.03%	31.01%	31.67%	23.79%	55.66%
3	17.59%	24.07%	18.85%	43.40%	24.23%
4	22.74%	38.32%	24.18%	33.98%	39.18%
5	21.35%	26.29%	15.83%	26.99%	37.77%
6	20.18%	32.79%	35.37%	26.11%	30.74%
7	23.93%	27.50%	14.92%	18.73%	39.65%
8	22.12%	25.80%	20.79%	29.09%	35.93%
9	18.40%	24.46%	31.09%	25.64%	47.56%
10	18.68%	22.62%	41.57%	25.17%	36.96%
比例均值	20.62%	28.09%	26.25%	27.41%	39.58%

去掉范德华力所占总吸附力部分,即可得到其他力所占比例,其中绝大部分为真空负压力。由表4.10中鲍鱼腹足在光滑亚克力板上的液桥应力值0.47kPa,表4.11中鲍鱼腹足在光滑特氟龙板上的液桥应力值0.27kPa,即可计算出液桥力所占比例,其比例均占总吸附力的1%左右。因此从腹足总吸附力中去掉范德华力和液桥力所占比例,即可得到由真空负压力和摩擦力所产生的吸附力占总吸附力的比例,并结合表4.3中鲍鱼在不同测力板上的吸附应力均值,即可求得由真空负压力所引起的吸附应力,具体如表4.15所示。

表4.15 真空吸附作用在总吸附力中所占比例及相应的吸附应力

测力板类型	光滑亚克力	通孔亚克力	凹槽亚克力	光滑特氟龙	通孔特氟龙
真空吸附作用所占比例（%）	78.38%	70.91%	72.75%	71.59%	59.42%
吸附应力（kPa）	33.91	19.71	21.85	24.27	12.22

其中，鲍鱼腹足在光滑亚克力板上由真空负压所形成的吸附应力为33.91kPa，腹足在光滑特氟龙板上由真空负压所形成的吸附应力为24.27kPa，由于光滑特氟龙的摩擦系数极小，可以忽略不计，因此计算出鲍鱼腹足在光滑亚克力板上由摩擦力所产生的吸附应力为9.64kPa。条纹凹槽亚克力的吸附应力为30.03kPa，由于其没有鲍鱼腹足整体形成的吸附力，因此计算出由局部吸盘与摩擦力所形成的吸附应力为20.72kPa。通孔亚克力板由于鲍鱼腹足具有一定伸缩性，在吸附时腹足的变形已经将通孔堵住，腹足因此形成一整块吸盘结构，通过计算得出其腹足整体的吸附应力为12.06kPa，而剩下的腹足局部真空吸附力与摩擦力共同产生的吸附应力之和为7.46kPa。由于光滑亚克力板的摩擦系数为光滑特氟龙板的20倍，因此可以计算出鲍鱼腹足在光滑特氟龙板上由摩擦力所产生的吸附应力约为0.5kPa。将鲍鱼腹足在光滑特氟龙板上由局部吸盘所形成的吸附应力与腹足整体吸盘形成的吸附应力以及由摩擦力所产生的吸附应力三者相加，其值为24.77kPa，与由真空负压力在光滑特氟龙表面所产生的吸附应力24.27kPa很相近，说明计算结果正确。通孔特氟龙的吸附应力为20.57kPa，其所受力的种类与通孔亚克力相似，通过计算同样可以得到其腹足整体的吸附应力。各种力的值以及所占总吸附力的百分比如表4.16所示。图4.30为鲍鱼腹足在五种测力板上各种吸附力的占比。

表4.16 鲍鱼腹足在五种测力板上的各种吸附力所占百分比

吸附应力所占比例（%）		测力板类型				
力的种类		光滑亚克力	通孔亚克力	凹槽亚克力	光滑特氟龙	通孔特氟龙
真空负压力整体	腹足整体	30.58	43.38	0	39.03	58.63
	腹足局部	25.61	26.84	69	32.68	0.48
	摩擦力	22.28			1.41	
液桥力		1.09	1.69	1.57	0.8	1.31
范德华力		20.62	28.09	29.44	26.08	39.58

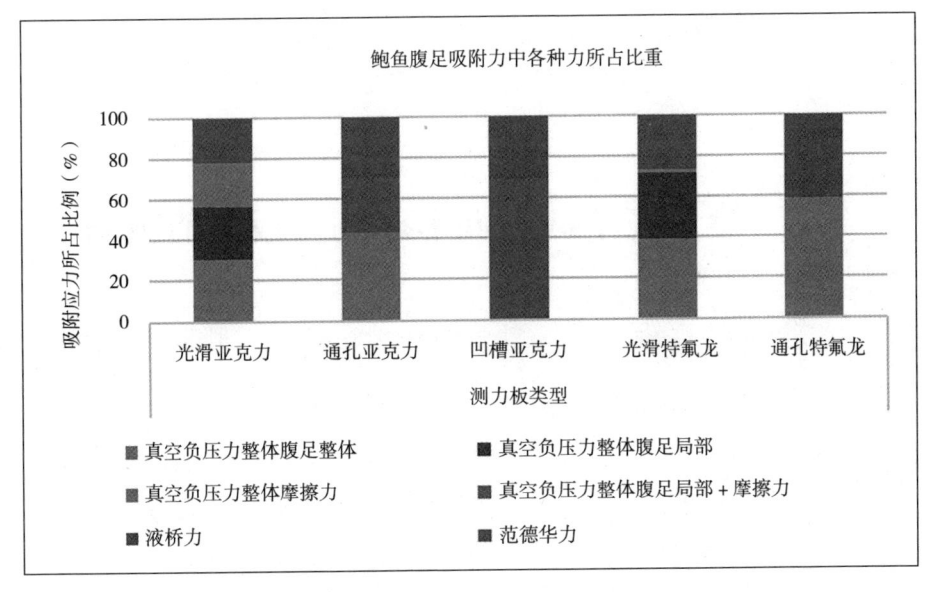

图4.30 鲍鱼腹足在五种测力板上各种吸附力所占的百分比

根据表4.16以及相应的图4.30可知，在五种测力板中由真空负压力所产生的吸附力占鲍鱼总吸附力的一半以上，由腹足产生的范德华作用力在鲍鱼总的吸附力中同样发挥着重要作用。而液桥力在鲍鱼腹足的吸附作用中占比很小，约为1%左右。当吸附面的摩擦系数不太小的情况下，由摩擦作用所

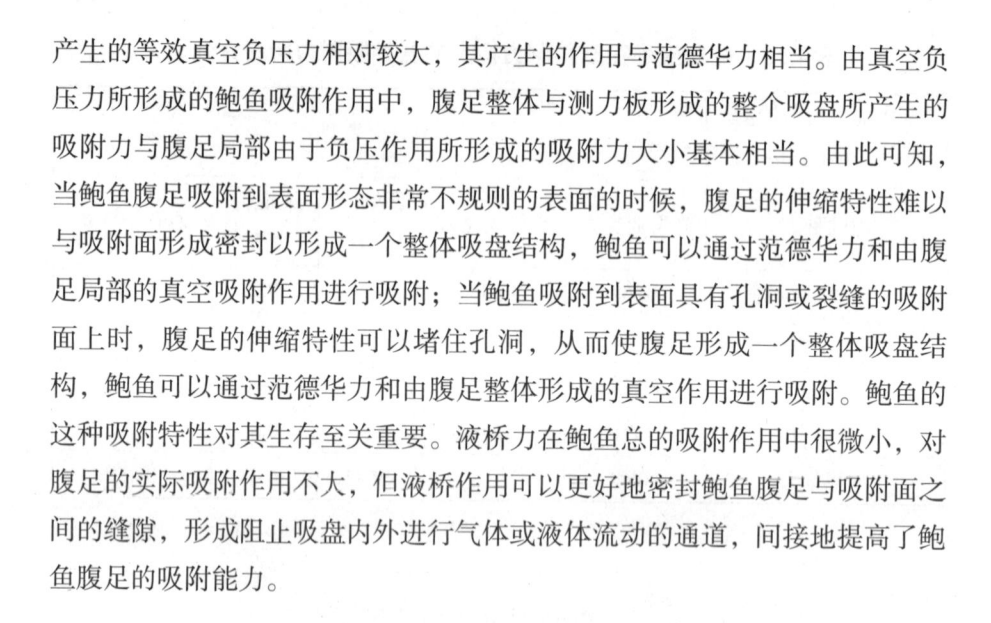

产生的等效真空负压力相对较大，其产生的作用与范德华力相当。由真空负压力所形成的鲍鱼吸附作用中，腹足整体与测力板形成的整个吸盘所产生的吸附力与腹足局部由于负压作用所形成的吸附力大小基本相当。由此可知，当鲍鱼腹足吸附到表面形态非常不规则的表面的时候，腹足的伸缩特性难以与吸附面形成密封以形成一个整体吸盘结构，鲍鱼可以通过范德华力和由腹足局部的真空吸附作用进行吸附；当鲍鱼吸附到表面具有孔洞或裂缝的吸附面上时，腹足的伸缩特性可以堵住孔洞，从而使腹足形成一个整体吸盘结构，鲍鱼可以通过范德华力和由腹足整体形成的真空作用进行吸附。鲍鱼的这种吸附特性对其生存至关重要。液桥力在鲍鱼总的吸附作用中很微小，对腹足的实际吸附作用不大，但液桥作用可以更好地密封鲍鱼腹足与吸附面之间的缝隙，形成阻止吸盘内外进行气体或液体流动的通道，间接地提高了鲍鱼腹足的吸附能力。

4.6 鲍鱼在不同表面形态测力板上的吸附

通过对鲍鱼在不同测力板上的拉伸试验以及相关计算，分析了鲍鱼腹足吸附力中各种力的组成以及所占相应比例。为了对鲍鱼腹足的吸附作用进行更为全面的研究，本书通过对鲍鱼在具有不同形态表面的测力板上进行拉伸试验，探讨并分析测力板表面形态对鲍鱼吸附力的影响。试验所用鲍鱼大小和质量同上文，拉伸试验中的相关设置同上一个拉伸试验。由于鲍鱼腹足对玻璃的吸附能力和适应能力较好，同时玻璃板易于获取，因此本试验选取玻璃板作为测力板。为了探究不同表面粗糙度和不同表面形态对鲍鱼腹足吸附力的影响，本书分别选取了三种不同粗糙度表面和三种不同表面形态共六种玻璃板作为拉伸试验所用测力板。试验所用的六种玻璃板分别为：（1）光滑玻璃板，粗糙度为0；（2）细磨砂玻璃板，粗糙度R_a=0.86μm；（3）粗磨砂玻璃板，粗糙度R_a=480μm；（4）小格凹坑玻璃板，凹坑的尺寸为0.8mm，具体如图4.31所示；

（5）四棱锥形玻璃板，棱锥边长为1.5~5mm，高度为1mm，具体如图4.32所示；（6）块状花纹玻璃板，块状边长为10~20mm，高度为0.5mm，具体如图4.33所示；六种玻璃测力板表面形态如图4.34所示。拉伸试验结果如表4.17所示，其中每种玻璃测力板做5次试验。

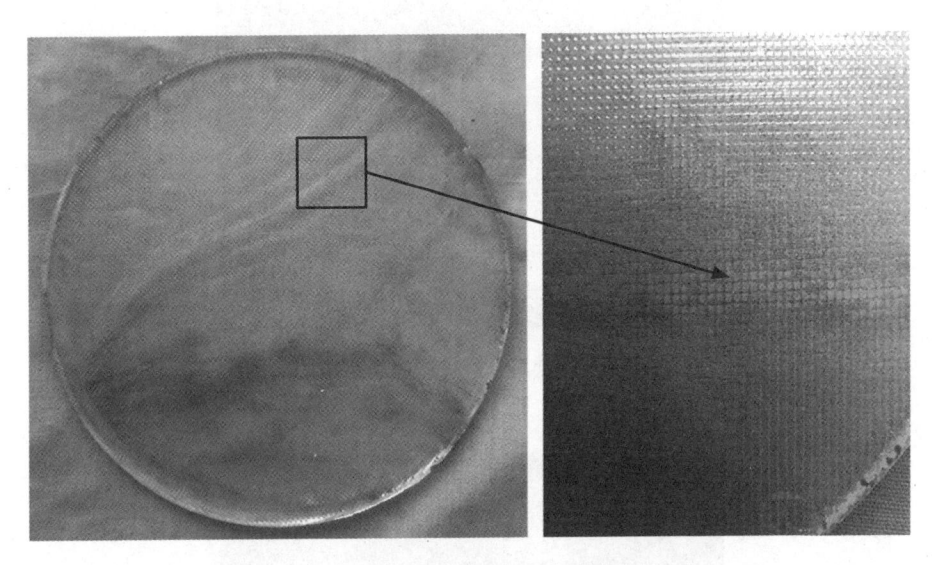

图4.31　小格凹坑玻璃板及凹坑具体形态细节

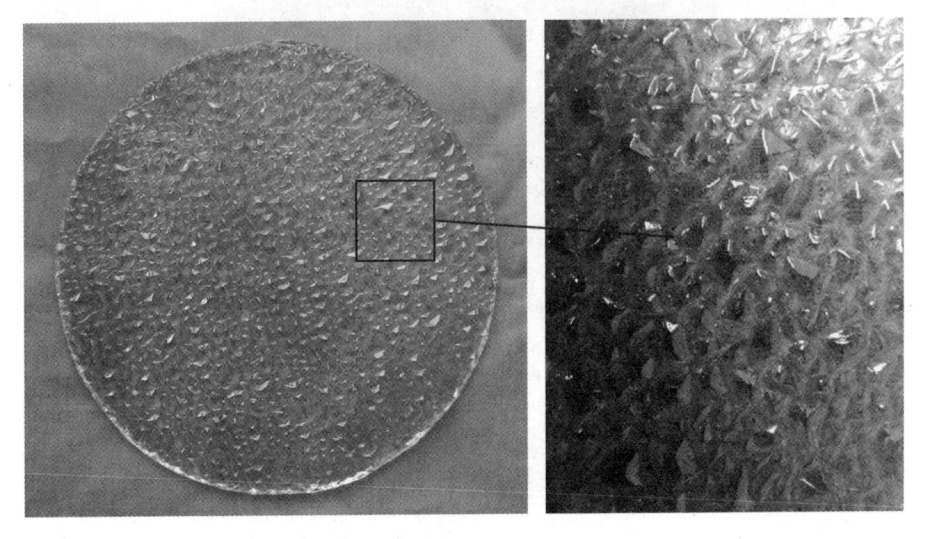

图4.32　四棱锥形玻璃板及四棱锥具体形态细节

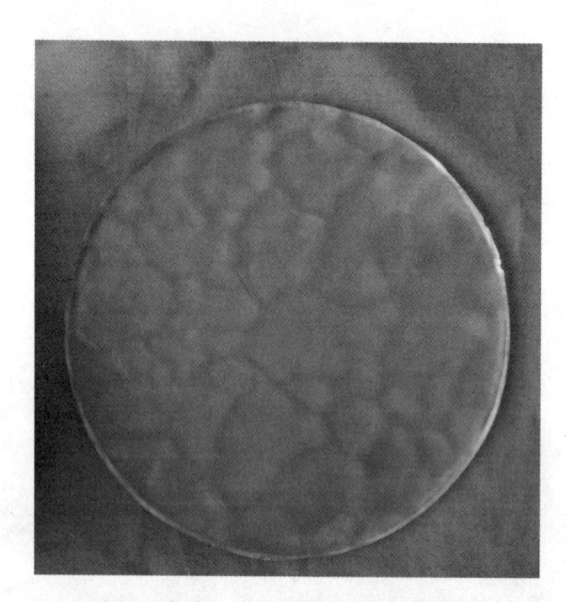

图4.33　块状花纹玻璃板表面形态

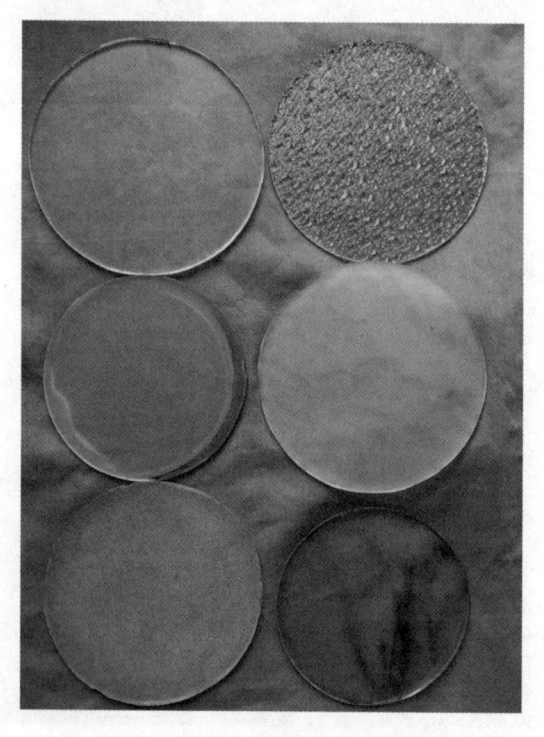

图4.34　六种玻璃测力板表面形态

表4.17 鲍鱼在六种玻璃测力板上的吸附力

最大吸附力(N) / 试验次数	玻璃测力板表面形态					
	光滑玻璃板(N)	细磨砂玻璃板(N)	粗磨砂玻璃板(N)	小格凹坑玻璃板(N)	四棱锥形玻璃板(N)	块状花纹玻璃板(N)
1	80.5	110.9	105.2	176.1	61.17	126.6
鲍鱼质量(g)	49.1	67.5	54.9	56	57.4	60.2
2	89.13	95.92	89.46	149.5	175.6	125.1
鲍鱼质量(g)	48.3	67	51.5	57.2	65.3	60.3
3	116.9	142.9	103.2	204	108.2	113.3
鲍鱼质量(g)	59.7	58.1	56.9	56	56	63.6
4	96.9	114.6	112.7	144.9	94.7	129.4
鲍鱼质量(g)	57.4	60.3	54.7	56	59.4	51.5
5	101.6	102.5	92.64	191.5	114.5	116.1
鲍鱼质量(g)	60.1	60.3	53.8	58.5	58	51.5

根据表4.17中鲍鱼质量以及拉伸试验结果，同时结合公式（4-1）以及鲍鱼腹足吸附时展开面积与质量比值的平均值43.15，计算得到鲍鱼腹足在六种不同玻璃测力板上的吸附应力如表4.18所示，并得到每种玻璃测力板的吸附应力平均值。

表4.18 鲍鱼腹足在六种不同玻璃测力板上的吸附应力

应力值（kPa） / 试验次数	玻璃测力板表面形态					
	光滑玻璃板	细磨砂玻璃板	粗磨砂玻璃板	小格凹坑玻璃板	四棱锥形玻璃板	块状花纹玻璃板
1	38.00	38.08	44.41	72.88	24.70	48.74
2	42.77	33.18	40.26	60.57	62.32	48.08
3	45.38	57.00	42.03	84.42	44.78	41.28
4	39.12	44.04	47.75	59.97	36.95	58.23
5	39.18	39.39	39.91	75.90	45.75	52.24
平均值	40.89	42.34	42.87	70.75	42.90	49.72

根据表4.18中鲍鱼腹足在不同玻璃测力板上的吸附力平均值以及吸附应力的最大与最小值，即可得到鲍鱼在不同测力板上的吸附应力结果，如图4.35所示。由图4.35可知，光滑玻璃板（a）、细磨砂玻璃板（b）、粗磨砂玻璃板（c）以及四棱锥形玻璃板（e）的平均吸附应力值基本一致，块状花纹玻璃板（f）的应力值稍大，最大的是小格凹坑玻璃板（d）。鲍鱼在光滑玻璃板上的吸附应力与表4.1中腹足在光滑亚克力板的吸附应力值相近，说明鲍鱼在玻璃板上的拉伸试验结果正确。

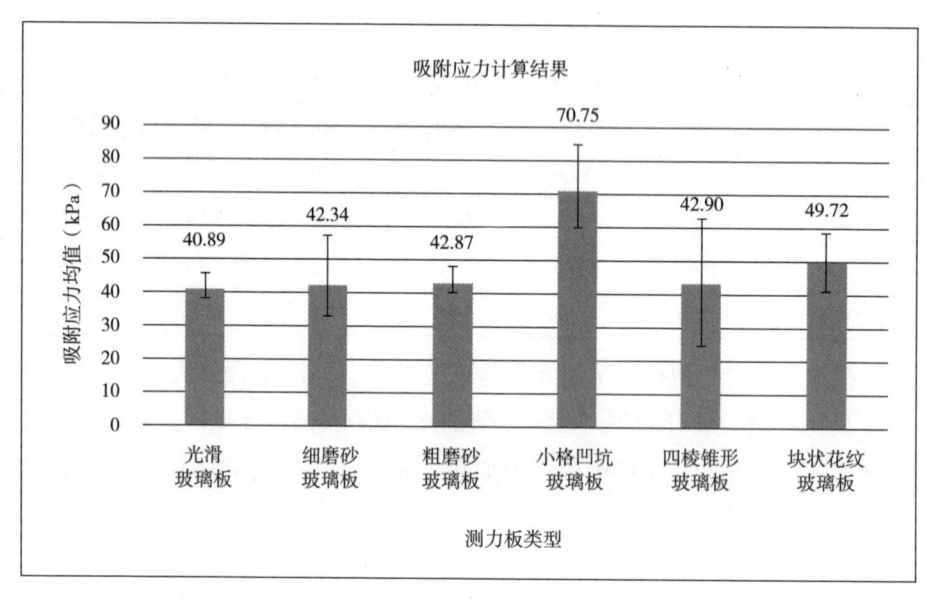

图4.35 鲍鱼腹足在六种不同玻璃测力板上的吸附应力平均值

为了分析不同粗糙度、不同表面形态对鲍鱼吸附力的影响，需要对表4.18中不同测力板的吸附应力进行显著性分析，与上次试验中的显著性检验方法一样，同样使用SPSS软件对吸附应力结果进行秩和检验。鲍鱼腹足在不同玻璃测力板上的吸附应力显著性分析结果如表4.19所示。

表4.19　鲍鱼在六种不同玻璃测力板上吸附应力的显著性分析结果

测力板类型	P值	说明
a	—	—
b	0.917	与光滑玻璃板比较
c	0.251	与光滑玻璃板比较
d	0.009	与光滑玻璃板比较
e	0.754	与光滑玻璃板比较
f	0.028	与光滑玻璃板比较

由表4.19中显著性检验结果可知，鲍鱼在细磨砂玻璃板、粗磨砂玻璃板，以及三角块状玻璃板上的显著性均在显著性水平之上，说明这三种表面形态的玻璃板与光滑玻璃板对鲍鱼的吸附应力无影响，吸附结果不存在显著性差异。而小格凹坑玻璃板与块状花纹玻璃板的P值分别为0.009和0.028，P值均小于0.05，具有明显的差异性，说明鲍鱼腹足在这两种表面形态测力板上的吸附应力与光滑玻璃板具有显著不同。

根据表4.18中鲍鱼腹足在三种不同粗糙度玻璃板上的吸附应力及结合表4.19中的显著性分析结果可知，随着玻璃板粗糙度的增大，从光滑玻璃板的粗糙度（$R_a=0$）到细磨砂玻璃板（$R_a=0.86$）再到粗磨砂玻璃板（$R_a=480$），鲍鱼腹足的吸附应力没有发生显著性变化，表明鲍鱼腹足宏观的伸缩变化难以小到粗糙度的尺寸级别，因此玻璃板粗糙度的增大并未带来腹足吸附力的提升，而后三种具有表面宏观形态变化的玻璃板对鲍鱼腹足的吸附影响各有不同，其中四棱锥形玻璃板同样对鲍鱼腹足的吸附没有显著性影响，主要原因与粗糙度变化的玻璃板相似，由于四棱锥形玻璃板中四棱锥本身及它们之间的形状变化过于迅速，即转角尖锐，棱脊过多，导致鲍鱼腹足难以完整地贴附到三角块状玻璃板的形态表面，因此鲍鱼在其表面的吸附应力变化不明显。鲍鱼在块状花纹玻璃板上与光滑玻璃板上的吸附力具有显著不同，同时块状花纹玻璃板的表面形态变化缓慢，转角平缓柔和，有利于鲍鱼腹足发挥伸缩特性，完整地贴附到其形态表面，从而提高了鲍鱼与玻璃板的吸附面积，增大了吸附应力。这种现象也从另一方面证明了粗糙度变化与四棱锥形玻璃板吸附应力变化不显著的原因。鲍鱼生存环境中的岩石表面长期经过海水的冲刷，普遍已经变得圆润光滑，这显然有利于鲍鱼在其表面进行吸附活动。鲍鱼在小格凹坑玻璃板上的吸附力与光滑玻璃板有明显的不同，其吸附力显著高于另外几种玻璃板。主要原因是当鲍鱼腹足吸附到小格凹坑玻璃上时，由于腹足本身的伸缩特性，腹足变形可以将每一个小格包裹，从而将每一个小格变成一个独立的空间，每一个小格变成一个独立的吸盘系统，导致腹足整体吸附效果得到显著提升。

4.7 本章小结

为了测量并分析鲍鱼腹足吸附力的具体值以及吸附力中各种力的组成比例，本章首先设计并通过3D打印的方式制作了抓取鲍鱼的吊钩，然后选取并设计五种测力板对鲍鱼进行吸附力拉伸试验，并对试验结果进行了显著性检验，依据第3章中真空负压力、范德华力、液桥力的计算公式并结合试验结果对鲍鱼腹足吸附作用中各种力的组成进行了分析，得到每种力所占鲍鱼总吸附力的比例。由试验及计算分析得出结论，鲍鱼腹足吸附力由真空负压力、范德华力、液桥力所组成，其中真空负压力和范德华力在吸附力中起主要作用，占总吸附力中的比重最大。真空负压力占总吸附力的比重普遍大于60%，范德华力占总吸附力的比重大于20%，而液桥力占总吸附力的比重约为1%左右，其主要作用是通过液桥作用增强腹足与测力板之间的密封性，间接提高了腹足的真空作用。真空吸附作用主要分为三个部分，分别为腹足整体吸盘的吸附作用、腹足局部的吸附作用以及腹足与测力板之间的摩擦起到的阻止腹足吸盘发生泄漏的等效吸附作用。这三种力在真空负压吸附作用中各占三分之一左右。最后又选取了六种表面具有不同形态的玻璃板，并同样对鲍鱼进行吸附力拉伸试验以分析不同表面形态对鲍鱼腹足吸附力的影响。根据试验结果分析可知，具有不同表面粗糙度的玻璃板对鲍鱼腹足吸附力的影响不显著，当玻璃板表面有形态变化时，鲍鱼腹足可以与形态变化平缓柔和、角度圆滑的表面产生更大的吸附力。鲍鱼在小格凹坑上的吸附力很大，主要原因是腹足的伸缩性使其与每个小格形成真空密闭空间，显著地提高了吸附能力。

第5章 吸盘的仿生设计与有限元模拟分析

5.1 引言

根据对鲍鱼腹足宏观及微观形态的观察，并基于鲍鱼在不同测力板上的吸附力拉伸试验以及相关吸附力的理论与计算方法，我们已经对鲍鱼腹足吸附力的组成以及每种力的占比进行了相关的分析计算。由第1章中对真空吸盘的介绍可知，目前的研究方向是如何进一步提高其吸附性能。因此本章拟通过工程仿生的思路与方法，即借鉴生物的优良特性并加以模仿，以解决工程中的实际问题；选取生物中具有强大吸附力的鲍鱼腹足吸盘作为仿生原型，通过提取其吸附时的形态并以标准吸盘为原型进行仿生吸盘的设计与模拟分析，以进一步提高吸盘的吸附性能。

5.2 标准吸盘模型的建立与有限元分析

5.2.1 标准吸盘的模型设计

为了在吸盘下表面设计仿生形态结构，选取的标准吸盘必须满足仿生吸盘形态、尺寸以及相关的试验要求。同时考虑到后期对吸盘进行试验是通过抽气的方法形成负压而并非自压排气的方法，因此吸盘的整体变形不需要过大，吸盘的高度可以适当降低。基于鲍鱼腹足吸附时的表面形态特征以及吸盘拉伸试验中传感器的最大拉力上限值（500N），假设吸盘真空度在100%时设计的标准吸盘吸附力需要小于500N，因此计算出吸盘的外圆直径D不超过80mm，即可满足传感器最大上限值这一要求。同时这一尺寸也可以满足仿生吸盘形态特征的设计尺寸要求，因此确定标准吸盘的外圆直径D为80mm。根据标准吸盘的外圆尺寸以及鲍鱼腹足吸盘相对扁平这一特点，同时为了尽可能多地保存真空吸盘底面的面积，给仿生形态的排布与设计提供更多的空间，本章选取了工业中常用的Ginier（吉尼尔）标准扁平吸盘作为设计原型，设计的标准吸盘剖面图及尺寸如图5.1所示，标准吸盘的三维模型如图5.2、图5.3所示。

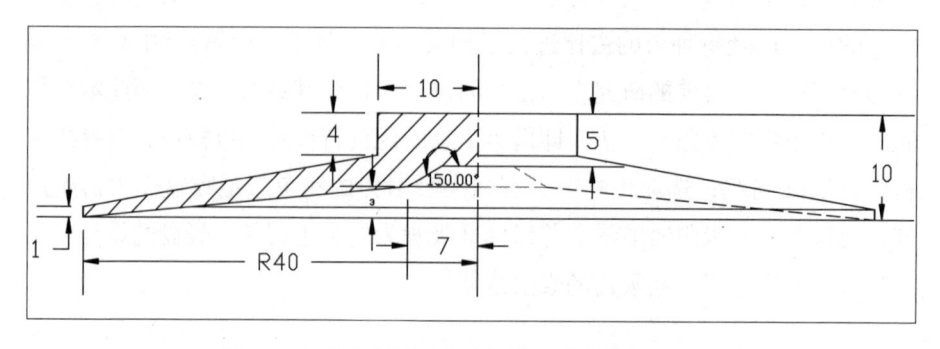

图5.1 标准吸盘剖面图及相关尺寸（单位：mm）

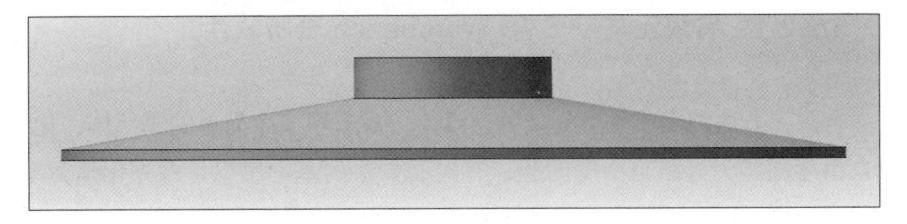

图5.2 标准吸盘三维模型正视图

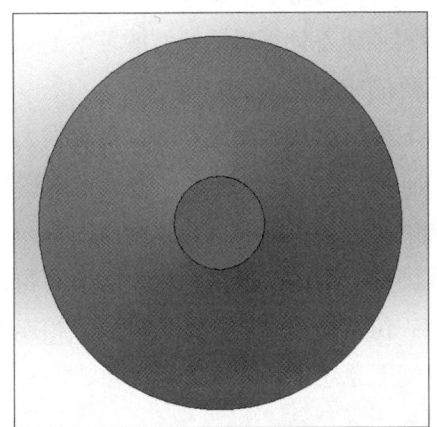

图5.3 标准吸盘三维模型俯视图和仰视图

5.2.2 标准吸盘的有限元分析

真空吸盘吸附时其表面会受到大气压力的挤压作用，吸盘将会产生相应的形态变化。由于本书设计的仿生吸盘数量较大，通过试验对其吸附性进行测量的成本较高，因此为了选取具有优良吸附性能的仿生吸盘，本书使用有限元方法模拟吸盘吸附时的状态并对标准吸盘与仿生吸盘各区域的受力情况进行分析，选取吸附性能良好的仿生吸盘并与标准吸盘进行实体加工，为后续吸盘的拉伸及密封性试验做相应的准备。

5.2.2.1 有限元与ANSYS Workbench分析软件

有限元方法的实质是将复杂的连续体分成有限多个简单的单元体，化无限自由度问题为有限自由度问题，有限元方法的基本思想是首先化整为零，再积零为整，通过把某个连续体分割成有限个单元体，即通过若干个结点相连的单元组成的整体，先将每个小单元进行分析，然后将这些小单元组合起来形成原来的整体结构并进行分析。由于有限元方法在数学的角度上分析是将偏微分方程化成代数方程，再利用计算机进行求解。基于有限元法采用矩阵方法这一特点，随着时代的发展，特别是随着计算机运算性能发生了大幅度的提升，有限元计算也得到了更加广泛的应用。

ANSYS Workbench是业界最领先的工程仿生技术集成平台，具有强大的结构、流体、热、电磁及相互耦合分析的功能，以及世界一流的求解器技术，并提供了复杂仿真中多物理场耦合解决方案，同时整合了网格技术并产生了统一的网格环境，通过对先进的软硬件平台的支持来实现大规模问题的高效求解。在一个类似流程图的图标中，仿真项目中的各项任务以互相连接的图形化方式清晰地表达出来，使项目视图系统使用起来非常简单，非常易于理解项目的工程意图和分析过程状态等。

ANSYS Workbench主要包括三个模块，即前处理模块、分析计算模块和后处理模块，同时也是分析模拟的整个流程。其中，前处理模块主要为分析模型的建立，包括软件自带的建模软件或通过第三方软件建立好模型后导入到软件中；分析计算模块主要包括网格的划分、分析模型的相关参数、边界条件的设定；后处理模块为计算结果的显示、结果相关的数据等。通过以上三步，即可进行一次完整的有限元分析。

5.2.2.2 标准吸盘的有限元分析

对标准吸盘进行有限元分析，首先需要将其导入到ANSYS Workbench中，分析中首先利用三维软件Solidworks建立标准吸盘模型（图5.1～图5.3），然后建立真空吸盘的吸附底面，其形状同样设计为圆形，标准吸盘的直径为80mm，吸附面的面积要大于标准吸盘，因此设计吸附板的直径为100mm，厚度为8mm。然后将吸盘与吸附底面分别导入到装配体中进行配合操作，设置真空吸盘与吸附面同轴，同时设置吸盘底面的环形边线与吸附面重合，为导入到ANSYS Workbench中做必要的准备，组合后的装配体如图5.4所示。

图5.4 导入到有限元中的标准吸盘与吸附底面装配体

将有限元分析模型建立好以后，启动有限元分析软件，选择Analysis Systems中的静态结构分析项目Static Structural，选择Geometry单元格将吸盘装配体模型导入到Workbench中，同时双击Geometry单元格打开DesignModeler几何建模平台，选择模型树中刚刚导入的模型，然后选择Generate生成模型，在平台的主界面中会显示导入的吸盘装配体模型，表明有限元项目导入模型成功。然后进行装配体中各个部件材料属性的定义，其中吸附底面选择设置为玻璃材料，其密度为2.46g/cm^3，弹性模量为68.9GPa，泊松比为0.23。真空吸盘的材料普遍为橡胶，属于超弹性材料，因此在材料库中选择Hyperelastic Materials中普遍使用的Mooney–Rivlin 2 Parameter模型，其中参数Material Constant C10为1.38MPa，Material Constant C01为0.345MPa，Incompressibility Parameter D1为0.01MPa^-1。由于真空吸盘所用橡胶材料的普遍硬度在55度（邵氏A）左右，因此计算出吸盘所用橡胶材料的弹性模量为3.4MPa，泊松比为0.49，密度为1g/cm³。具体材料参数的相关设置如图5.5所示[21, 157-159]。

图5.5 有限元分析中吸盘与吸附底面的材料参数设置

在对标准吸盘与吸附底板的材料进行定义后，即可进入到前处理界面Mechanical中进行网格划分操作。在网格划分Mesh中的Physics Preference选择Mechanical，同时相关性和关联中心分别设置为100和Fine，局部尺寸控制中设置吸盘的网格大小为1mm，网格选择为四面体网格结构，同时为了分析吸盘与吸附底板接触面的受力情况，将吸盘底面的网格进行细化处理，设置完成后进行网格划分操作。图5.6为标准吸盘与吸附底面的网格整体划分结果，图5.7为吸盘底面网格细化。通过Mesh Metric中对网格质量进行观察，发现绝大部分网格在1附近，说明网格质量很高。

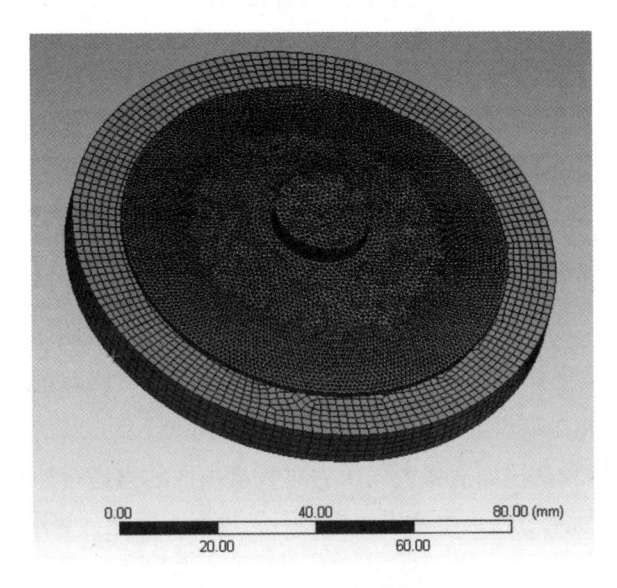

图5.6　标准吸盘与吸附底面的网格划分

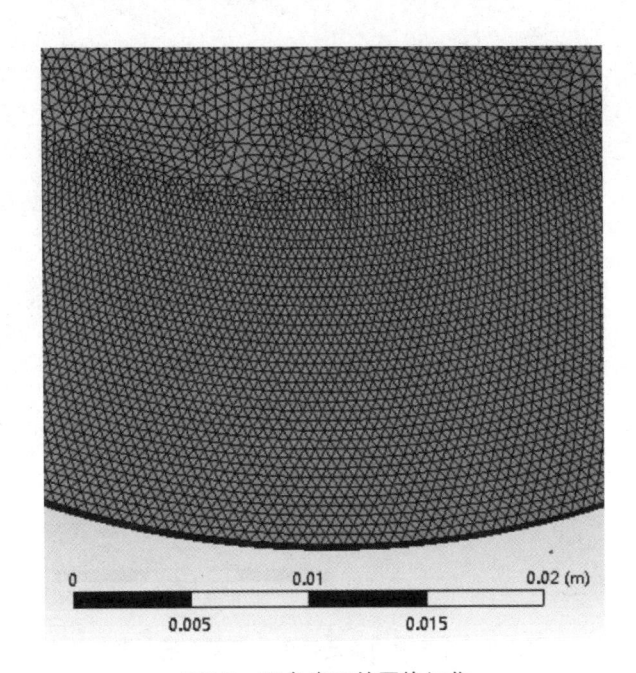

图5.7　吸盘底面的网格细化

网格划分完成后即可进行模型的约束和边界条件的设置，由于吸盘的吸附属于接触问题，同时为了观察分析吸盘吸附时底面的受力情况。因此选取接触类型中的Frictional（摩擦），摩擦系数设置为0.8。在摩擦接触类型中选择网格粗糙且表面硬度高的为目标面，即吸附底板，选择真空吸盘为接触面。由于本分析属于超弹性材料中的大变形问题，因此选择增强拉格朗日公式以增加额外的控制，在接触选项中的Formulation中选择Augmented Lagrange（增强拉格朗日法）。保证接触面和目标面不相互穿透，使用默认的对称接触行为。在约束和边界条件设置中首先将吸附底板设置为固定约束，然后根据吸盘内部的真空度计算出其上顶面受力。本书设置吸盘吸附时其内部真空度为60%，此真空度方便有限元分析的同时也可满足后续吸盘的吸附性拉伸试验的要求，因此在吸盘上表面施加垂直于上表面向下的60%的大气压强，即60795Pa。选择吸盘顶面后将大气压力对吸盘顶面的力进行加载，约束及力的加载如图5.8所示。所有参数设置完成后，进行有限元计算求解。

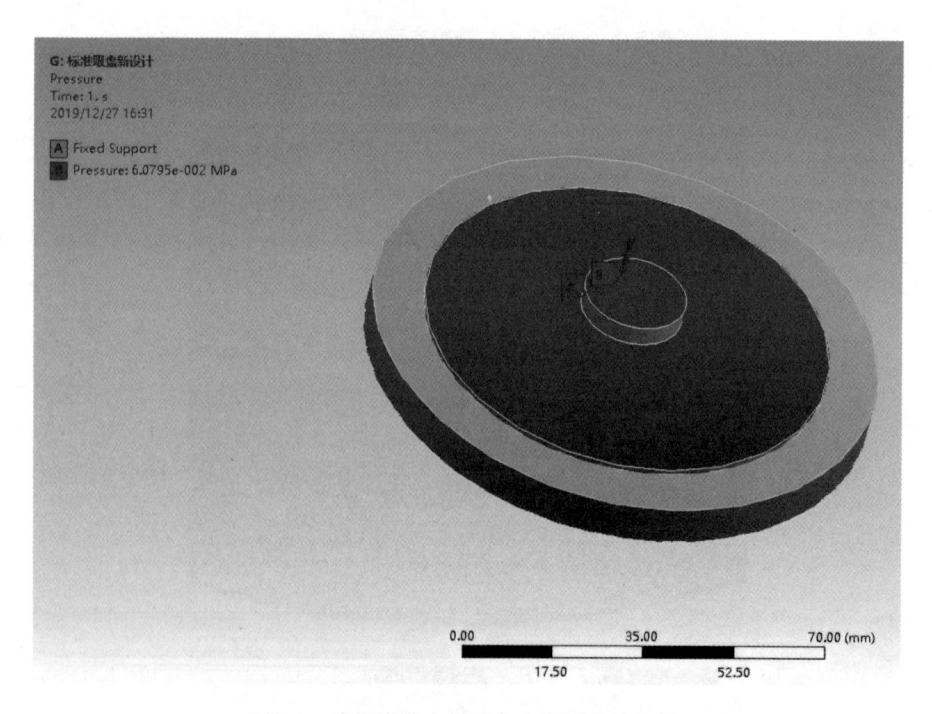

图5.8 分析中约束及吸盘上顶面力的加载

求解完成后得到标准吸盘吸附前后的模型如图5.9所示。

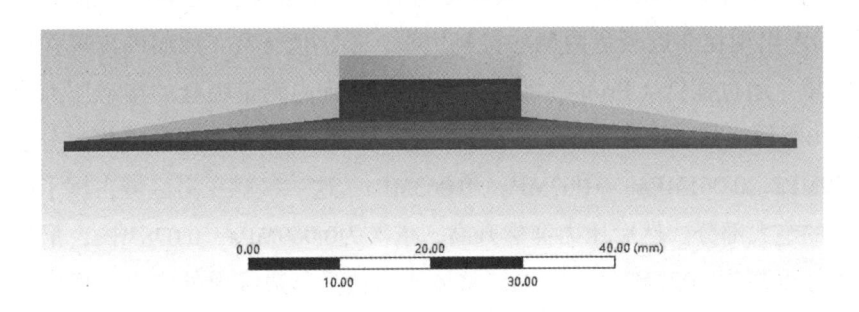

图5.9　标准吸盘吸附前后模型变化

根据标准吸盘有限元分析的前后形态变化可知，其受力变化后的形态即为吸盘吸附时的状态。由于吸盘下底面与吸附面之间的吸附力越大，表明它们之间接触区域的挤压程度越高，相应的接触压力越大，抵抗外界向上拉力的能力越高，同时挤压程度越大，吸盘与吸附面之间的摩擦力越大，吸盘受到向上拉力时更不容易产生向内的收缩滑移，使吸盘边缘向内移动变形程度减缓，更不容易发生边缘变形而导致吸盘泄漏的可能。图5.10为标准吸盘吸附时底面与吸附面之间的接触压力图。

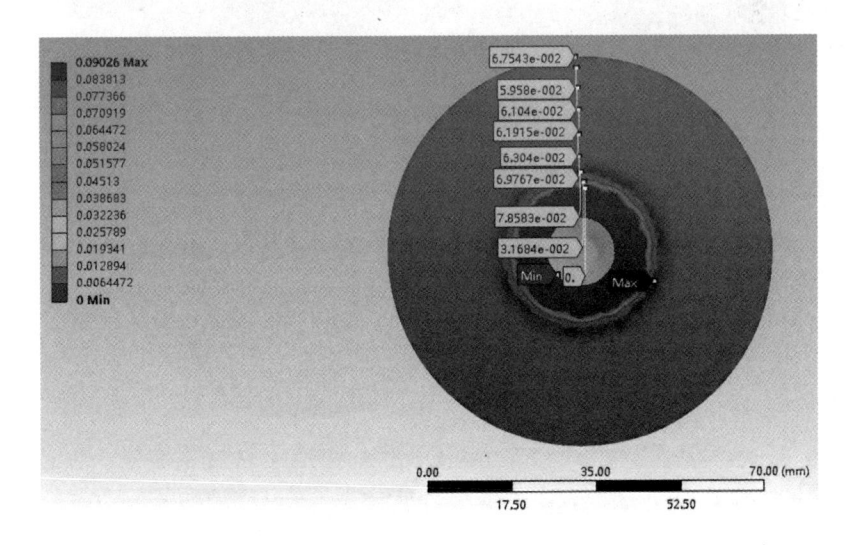

图5.10　标准吸盘吸附时底面的接触压力（单位：MPa）

由图5.10中所示的吸盘与吸附面之间的接触压力可知，吸盘在吸附时其底面的绝大部分区域都可以与吸附面相接触，且接触应力的最大值（Max）0.09MPa出现在靠近吸盘内侧的接触边缘，最小值（Min）0MPa出现在非接触区域。通过探针（Probe）沿吸盘径向从外到内测量吸盘的接触压力值如图5.10所示，其中最外圈压力为0.067MPa，向里有逐渐变小的趋势，分别为0.059MPa、0.061MPa、0.062MPa、0.063MPa，这一接触压力区域占据了吸盘受力的绝大部分。然后压力突然升高，依次为0.069MPa、0.078MPa，最后压力迅速下降为0.031MPa、0MPa。整体压力从吸盘边缘由外到内呈现出两端高中间大部分较低且无明显变化的趋势。图5.11为标准吸盘的Mises等效应力图，从图中吸盘底面受力可知，在与图5.10中接触压力相同的区域中，标准吸盘的Mises等效应力同样呈现出两端高中间低的变化趋势，与接触压力的变化趋势相一致。由于在有限元接触分析中，接触压力主要呈现吸盘与吸附面之间的压力，对橡胶材料由于受挤压变形从而与吸附面发生的接触压力结果呈现并不好，同时分析计算还不易于收敛。基于标准吸盘的Mises等效应力与接触压力分析结果的变化趋势一致性较好这一特点，本书采用分析Mises等效应力这一方法对吸盘进行受力分析。

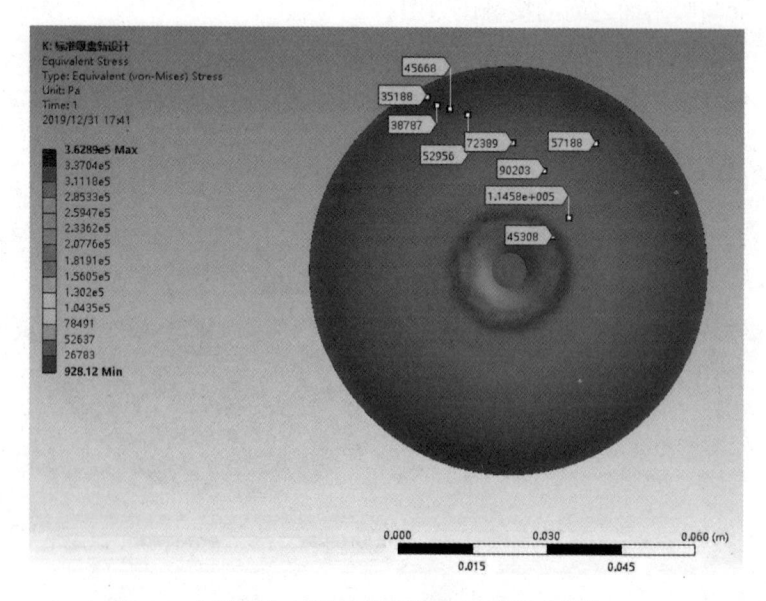

图5.11　标准吸盘吸附时底面的Mises应力（单位：Pa）

5.3 仿生吸盘的设计与有限元分析

5.3.1 仿生形态的提取

根据对鲍鱼吸盘的研究可知，其表面形态对腹足吸附力的产生发挥着至关重要的作用。基于对鲍鱼腹足吸附力的分析可知，腹足的真空负压力以及范德华力在鲍鱼吸盘吸附力中占比极大，但由于范德华力由腹足纤维产生，且真空吸盘的制造材料普遍为橡胶及其相关化合物，因此在实际制造中很难进行加工制造，由于吸附力中的范德华力占比相对于真空负压力偏小，因此本书主要通过模仿鲍鱼吸附时的腹足表面形态来对真空吸盘进行仿生吸盘设计。

对鲍鱼腹足形态的模拟主要选取了腹足吸附时两个特征，第一个特征是当在水中呈稳定吸附状态或在缓慢移动中的鲍鱼受到惊扰或者向上的拉拽力时，鲍鱼腹足会立刻向内收缩以紧紧地吸附到接触面上，图2.3中所示的腹足小丘同样会向内收缩，小丘相互之间紧紧靠拢挤压，从而在腹足最外圈形成一道环形的密封环结构，使腹足吸盘整体成为一个大吸盘。若要将鲍鱼从吸附面上取下，首先也需要破坏掉这道由腹足小丘形成的环形密封环结构。因此在真空吸盘最外圈设计环形密封圈结构作为仿生吸盘设计的第一个特征。第二个特征是当鲍鱼腹足受到向上拉力时，腹足的中部会形成不规则的条纹脉状沟槽褶皱，以抵抗外界向上的拉力并提高与吸附面的摩擦，具体如图5.12所示，因此设计条纹形凹槽结构作为仿生吸盘表面形态的第二个特征。

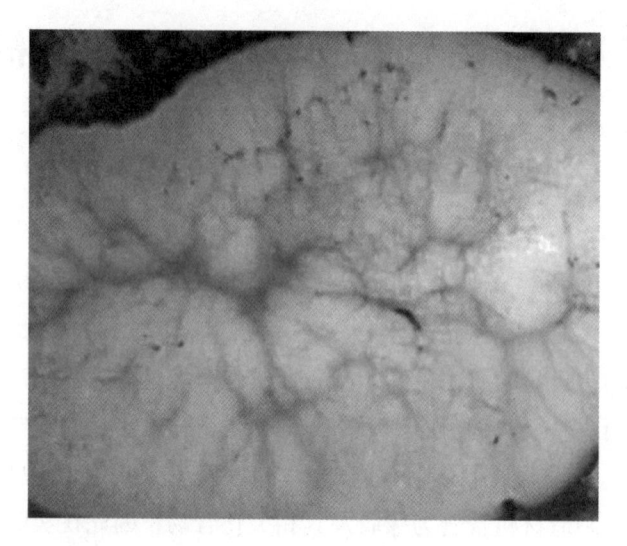

图5.12 鲍鱼腹足受向上拉力时表面的条纹状褶皱

5.3.2 仿生吸盘表面形态的设计

根据5.3.1节中对鲍鱼腹足吸附时的形态特征的分析，选取了吸附时的两个主要特征作为仿生吸盘的设计基础。第一个特征为腹足小丘紧缩形成的环状密封圈，因此在标准吸盘的外圈设计环状密封结构作为仿生吸盘的第一个特征。第二个特征为图5.12中所示的鲍鱼受向上拉力时腹足表面形成的沟槽结构，因此在靠近标准吸盘轴心区域设计条纹形凹槽结构作为仿生吸盘的第二个特征。仿生吸盘第一特征中密封环的具体位置及尺寸如图5.13、图5.14所示。其中，矩形密封环模仿的是鲍鱼腹足小丘紧缩时的具体形态，矩形的长度设计了两种尺寸，分别为1.5mm、3mm。根据鲍鱼腹足小丘紧缩时与腹足表面的高度差，设计矩形的宽度为0.3mm，太宽会导致吸盘吸附时只有矩形环与吸附面接触，吸盘的其他区域很难与吸附面产生贴附，宽度太小会导致密封环失效或不能发挥作用。密封环的位置应尽量靠近吸盘边缘，本书设计密封环矩形边缘到吸盘边缘的距离为4mm。

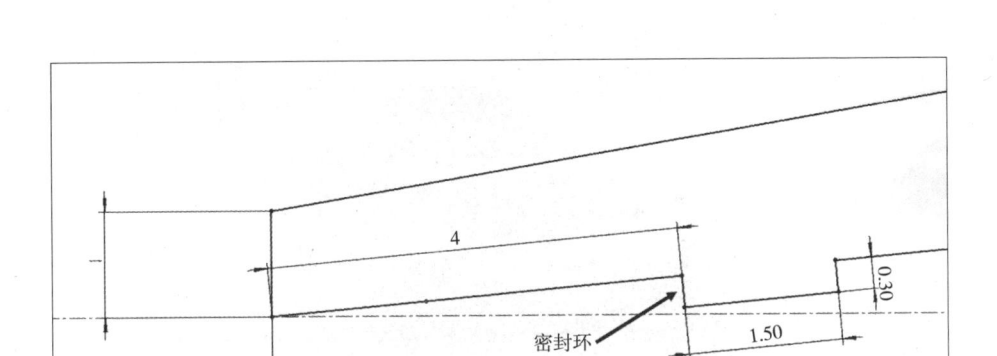

图5.13 吸盘边缘密封环的具体位置及相关形态尺寸（单位：mm）

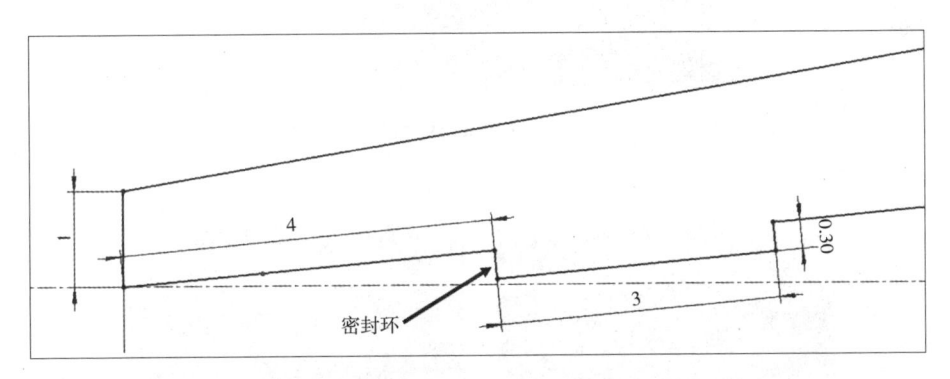

图5.14 吸盘边缘密封环的具体位置及相关形态尺寸（单位：mm）

仿生吸盘第二特征中设计的条纹沟槽具体位置与尺寸如图5.15、图5.16所示，为了在吸盘下底面设计出沟槽结构，首先建立一个与吸盘底面相切的平面，然后再建立第二个平面与第一平面平行，且距离第一平面的距离为10mm，具体如图5.15所示。然后在第二个平面上建立沟槽草图，沟槽的具体尺寸如图5.16所示。设计的沟槽为细长矩形结构，其中沟槽的宽度借鉴并模拟图5.12中鲍鱼腹足中间沟槽的宽度，设计沟槽的宽度为1mm。沟槽的长度设计为10mm，此处沟槽不宜设计得过深，以免破坏吸盘的整体结构并降低吸附效果，因此沟槽的深度设计为1mm。沟槽矩形距吸盘中心轴的距离需要满足图5.10中的接触应力分布区域，不宜与中心轴距离过近以免超出接触应力的区域范围，因此设计沟槽距吸盘中心轴的距离分别为12mm、20mm。

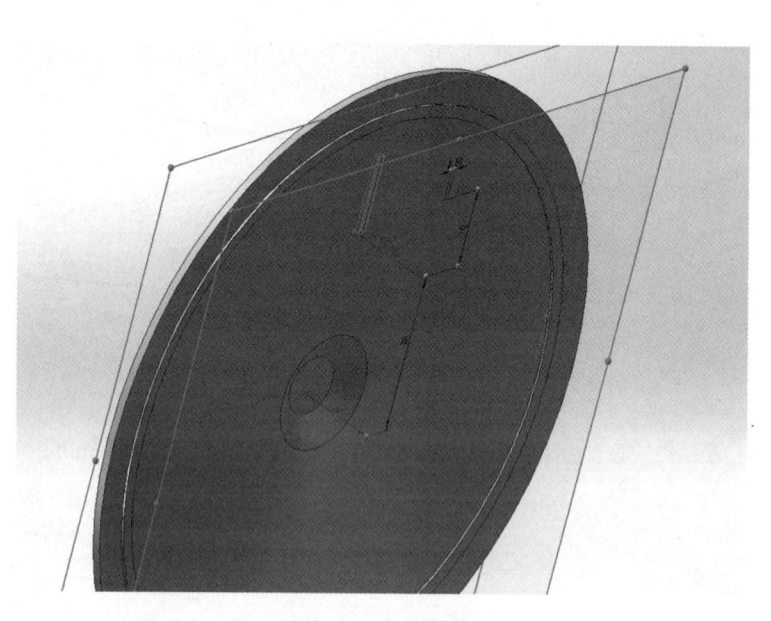

图5.15 仿生吸盘沟槽的具体位置（单位：mm）

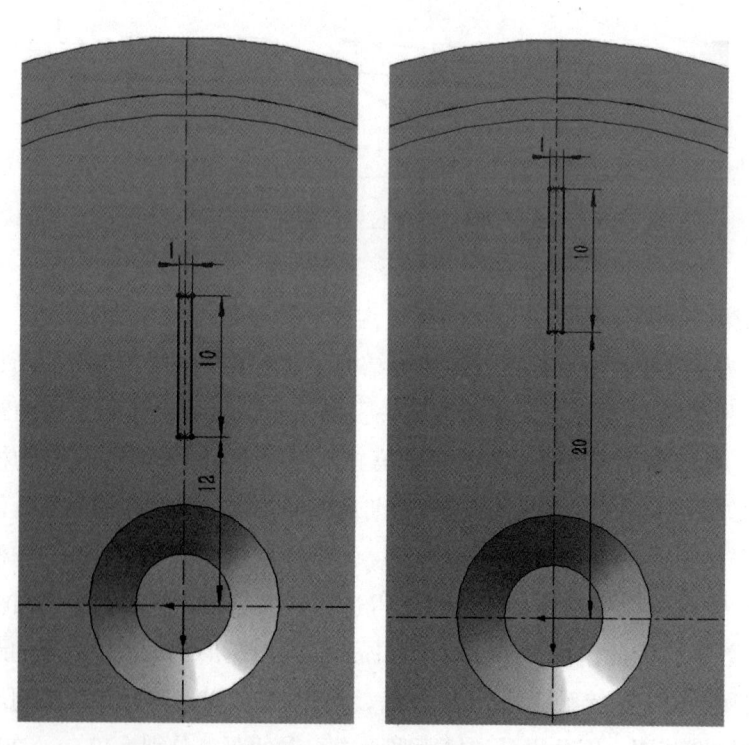

图5.16 仿生吸盘沟槽的具体尺寸（单位：mm）

根据仿生吸盘的相关特征及具体尺寸，本书拟通过将这两种特征进行排列组合以设计几种仿生吸盘并对每一种仿生吸盘进行有限元分析。其中，仿生吸盘第一特征的密封环结构的环数仅取一，符合鲍鱼腹足吸盘的形态特征，同时设计两道环结构会挤压其他特征的排布空间。仿生吸盘的第二特征为沟槽结构，此结构特征由于分布角度、分布个数等相关特征均可做较大变化，因此本书对相关特征设计了几种方案。其中沟槽距离中心轴的距离分别设计为12mm、20mm；沟槽分布角度分别设计为15°、18°、24°、30°，相应的沟槽数量分别为24、20、15、12。具体设计的相关数量尺寸及分布如表5.1所示。根据表5.1中仿生吸盘特征的具体设计值建立的仿生吸盘三维模型如图5.17所示。根据建立的仿生吸盘及标准吸盘三维模型对其进行有限元模拟分析。

表5.1 仿生吸盘设计的具体参数

仿生吸盘编号	第一特征	第二特征	
	密封环宽度（mm）	沟槽距中心轴距离（mm）	分布角度
1	1.5	12	15
2	1.5	12	18
3	1.5	12	24
4	1.5	12	30
5	1.5	20	15
6	1.5	20	18
7	1.5	20	24
8	1.5	20	30
9	3.0	12	15
10	3.0	12	18
11	3.0	12	24
12	3.0	12	30
13	3.0	20	15
14	3.0	20	18
15	3.0	20	24
16	3.0	20	30
标准吸盘	0	0	0

仿生 1 号　　　　　　仿生 2 号　　　　　　仿生 3 号

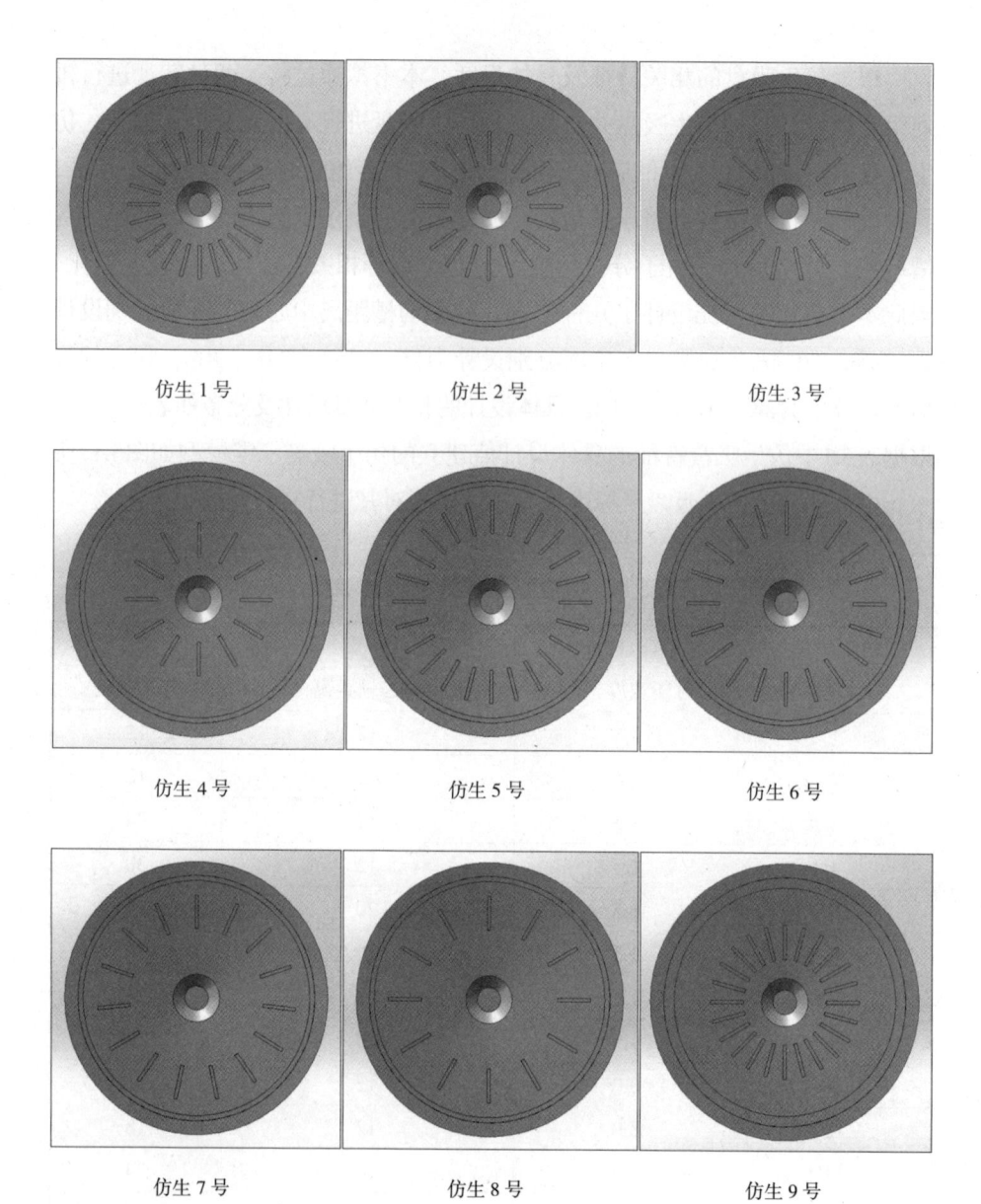

仿生 4 号　　　　　　仿生 5 号　　　　　　仿生 6 号

仿生 7 号　　　　　　仿生 8 号　　　　　　仿生 9 号

仿生 10 号　　　　　　　仿生 11 号　　　　　　　仿生 12 号

仿生 13 号　　　　　　　仿生 14 号　　　　　　　仿生 15 号

仿生 16 号　　　　　　　标准吸盘

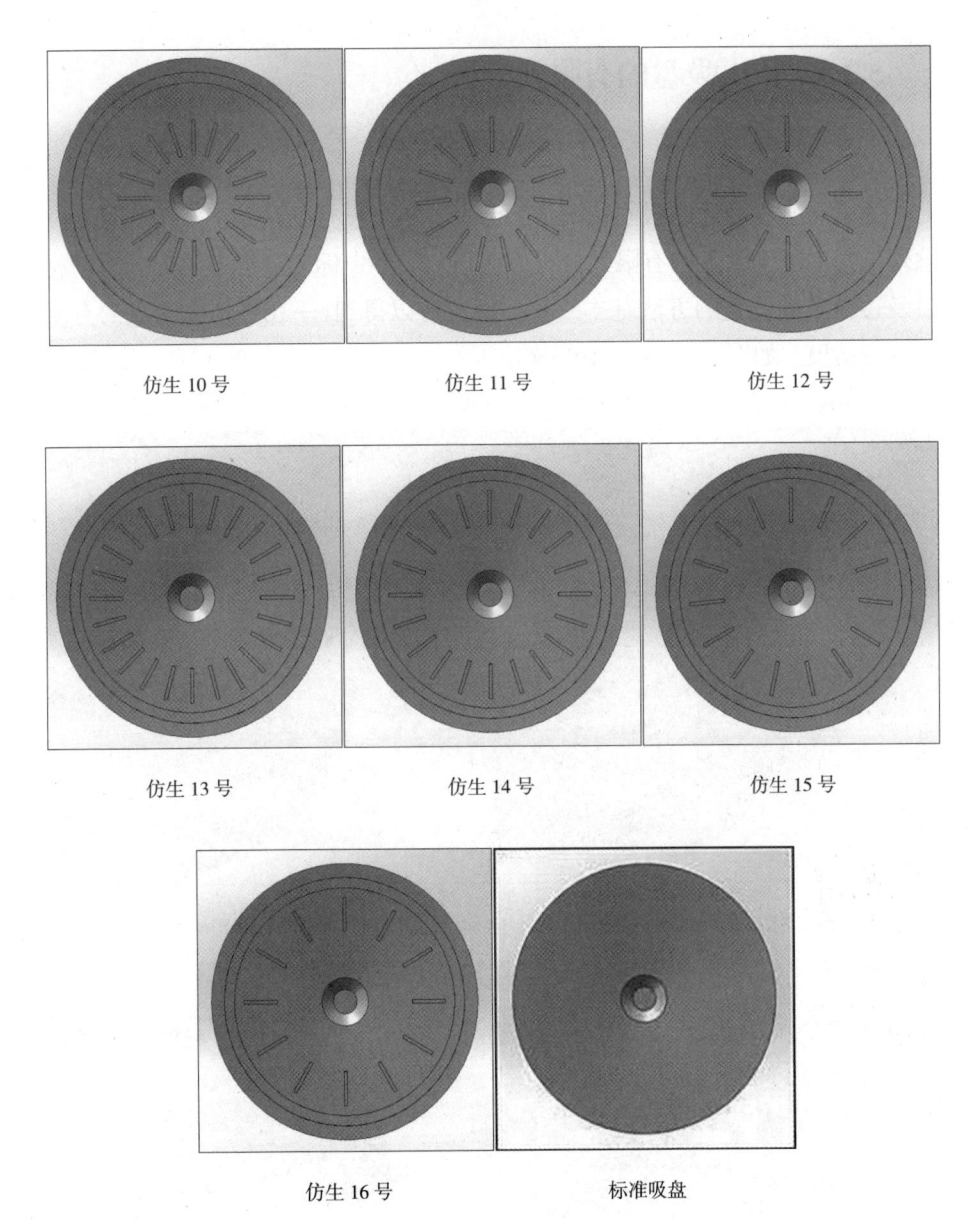

图5.17　1—16号仿生吸盘和标准吸盘的具体形态特征

5.3.3 仿生吸盘的有限元分析

为了对仿生吸盘的吸附情况进行分析，本书同样使用ANSYS Workbench软件，其中仿生吸盘的有限元分析方法与5.2.2节中标准吸盘有限元分析的材料及边界条件设置的方法基本一致，因此可以得到1—16号仿生吸盘的有限元分析结果，如图5.18、图5.19所示。

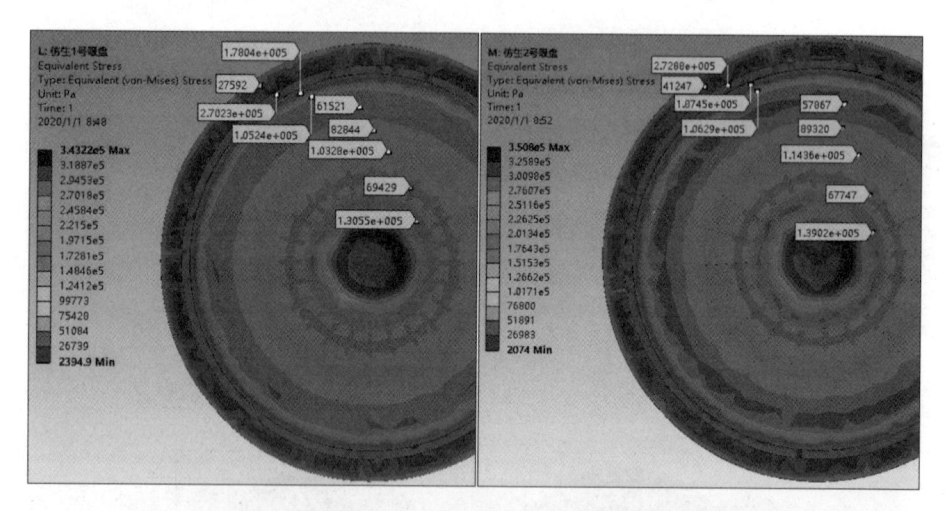

仿生 1 号吸盘底面 Mises 应力　　　　仿生 2 号吸盘底面 Mises 应力

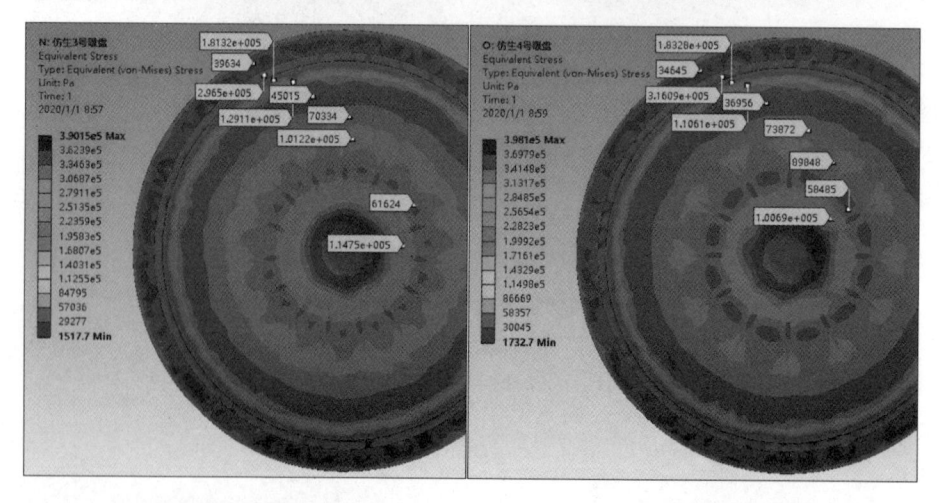

仿生 3 号吸盘底面 Mises 应力　　　　仿生 4 号吸盘底面 Mises 应力

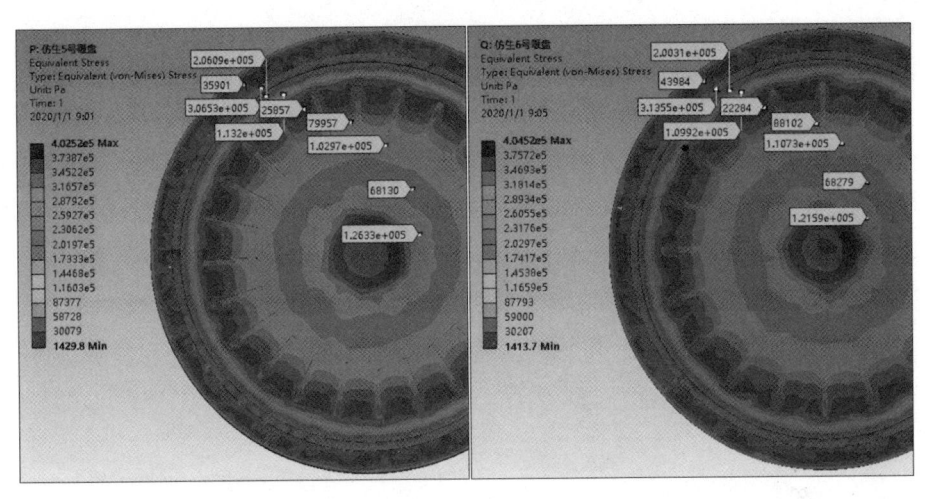

第5章　吸盘的仿生设计与有限元模拟分析

仿生 5 号吸盘底面 Mises 应力

仿生 6 号吸盘底面 Mises 应力

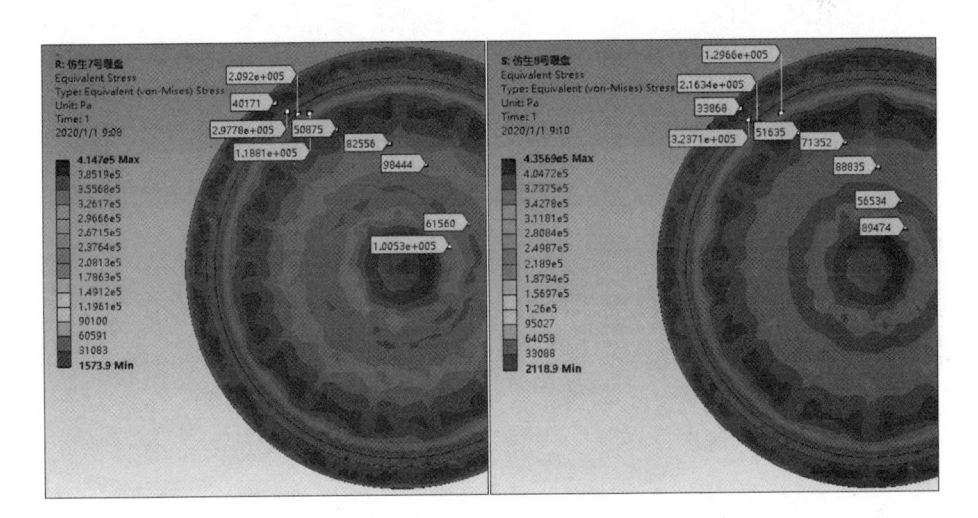

仿生 7 号吸盘底面 Mises 应力

仿生 8 号吸盘底面 Mises 应力

图5.18

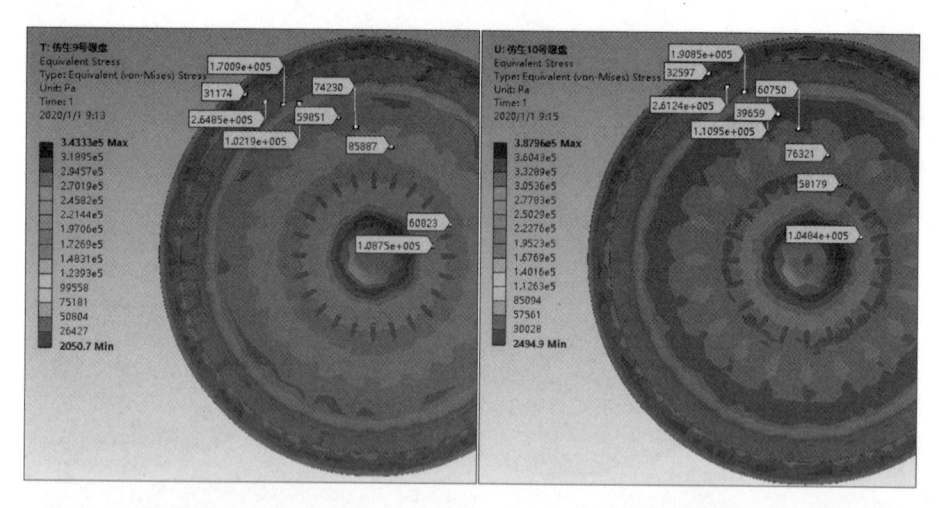

仿生 9 号吸盘底面 Mises 应力　　　　　　仿生 10 号吸盘底面 Mises 应力

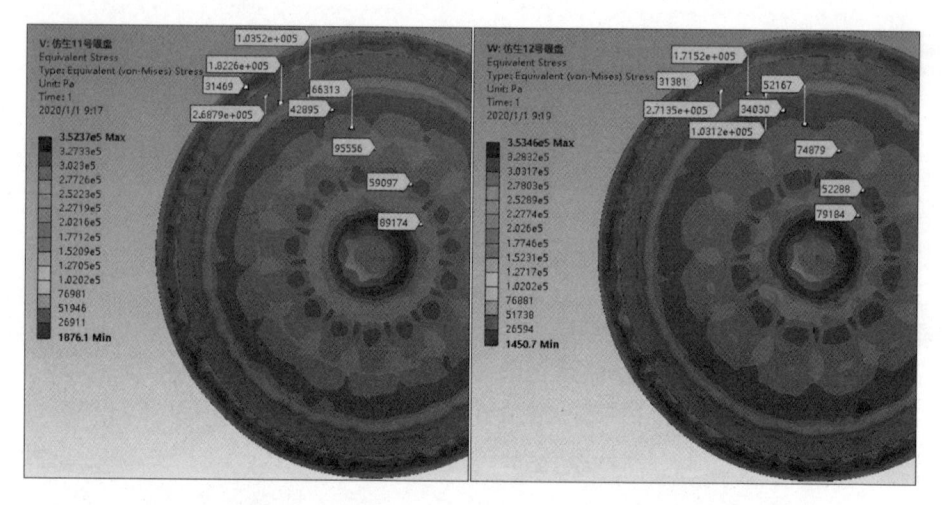

仿生 11 号吸盘底面 Mises 应力　　　　　　仿生 12 号吸盘底面 Mises 应力

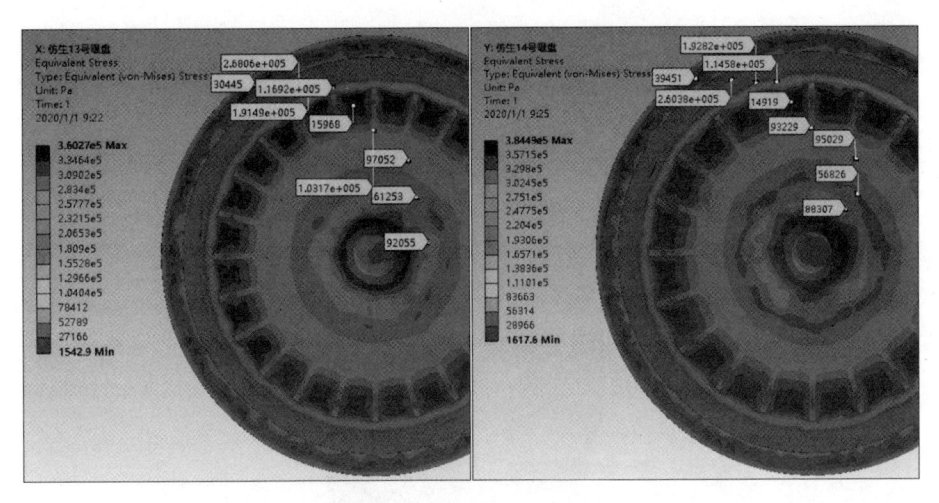

仿生 13 号吸盘底面 Mises 应力　　　　仿生 14 号吸盘底面 Mises 应力

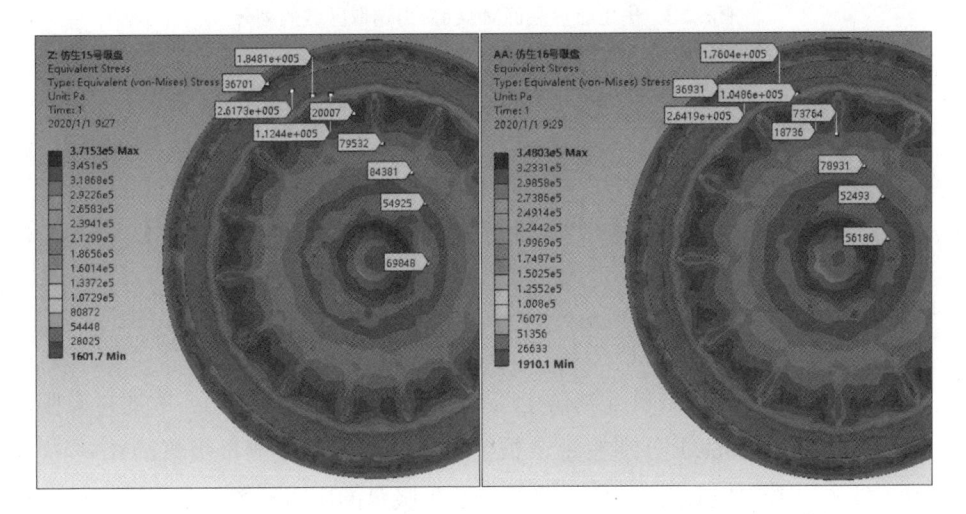

仿生 15 号吸盘底面 Mises 应力　　　　仿生 16 号吸盘底面 Mises 应力

图5.18　仿生吸盘底面Mises应力有限元分析结果

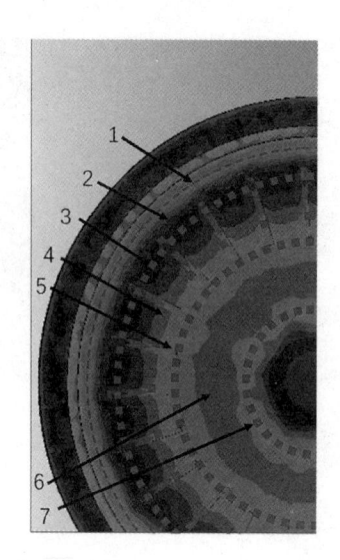

图5.19 仿生吸盘底面Mises应力选取区域的划分

5.4 吸盘有限元Mises应力结果分析

根据有限元分析结果得到仿生吸盘底面的Mises应力云图，并通过有限元探针功能（Probe）分别在每个仿生吸盘的不同区域测量吸盘的Mises应力，具体如图5.18所示。其中，将每个仿生吸盘的应力云图划分为不同的区域，每个区域选择1个点用Probe探针进行Mises应力的测量。基于应力云图的分析结果，划分的9个区域及每个区域取点个数分别为：（1）仿生吸盘密封环外侧边缘区域，取一个点；（2）密封环区域上，取一个点；（3）密封环内侧边缘与虚线1之间区域，取一个点；（4）在虚线1与虚线2之间区域，取一个点；（5）在虚线3所在区域，取一个点；（6）在虚线4所在区域，取一个点；（7）在虚线5所在区域，取一个点；（8）在虚线6所在区域，取一个点；（9）在虚线7所在区域，取一个点，总共9个应力点，具体区域参照图5.19。仿生吸盘与标准吸盘底面不同区域的Mises应力值如表5.2所示。

表5.2 仿生吸盘与标准吸盘不同区域的Mises应力值（单位：Pa）

吸盘类型\区域	1	2	3	4	5	6	7	8	9
仿生1号	$2.76e^4$	$2.70e^5$	$1.78e^5$	$1.05e^5$	$6.15e^4$	$8.28e^4$	$1.03e^5$	$6.94e^4$	$1.31e^5$
仿生2号	$4.12e^4$	$2.73e^5$	$1.87e^5$	$1.06e^5$	$5.79e^4$	$8.93e^4$	$1.14e^5$	$6.77e^4$	$1.39e^5$
仿生3号	$3.96e^4$	$2.97e^5$	$1.81e^5$	$1.29e^5$	$4.50e^4$	$7.03e^4$	$1.01e^5$	$6.16e^4$	$1.15e^5$
仿生4号	$3.46e^4$	$3.16e^5$	$1.83e^5$	$1.11e^5$	$3.70e^4$	$7.39e^4$	$8.98e^4$	$5.85e^4$	$1.00e^5$
仿生5号	$3.59e^4$	$3.07e^5$	$2.06e^5$	$1.13e^5$	$2.59e^4$	$8.00e^4$	$1.03e^5$	$6.81e^4$	$1.26e^5$
仿生6号	$4.40e^4$	$3.14e^5$	$2.00e^5$	$1.10e^5$	$2.23e^4$	$8.81e^4$	$1.11e^5$	$6.83e^4$	$1.22e^5$
仿生7号	$4.02e^4$	$2.98e^5$	$2.09e^5$	$1.19e^5$	$5.09e^4$	$8.26e^4$	$9.84e^4$	$6.16e^4$	$1.01e^5$
仿生8号	$3.39e^4$	$3.24e^5$	$2.16e^5$	$1.30e^5$	$5.16e^4$	$7.14e^4$	$8.88e^4$	$5.65e^4$	$8.95e^4$
仿生9号	$3.12e^4$	$2.65e^5$	$1.70e^5$	$1.02e^5$	$5.99e^4$	$7.42e^4$	$8.59e^4$	$6.08e^4$	$1.09e^5$
仿生10号	$3.26e^4$	$2.61e^5$	$1.91e^5$	$1.11e^5$	$3.94e^4$	$6.08e^4$	$7.63e^4$	$5.82e^4$	$1.05e^5$
仿生11号	$3.15e^4$	$2.69e^5$	$1.82e^5$	$1.04e^5$	$4.29e^4$	$6.63e^4$	$9.56e^4$	$5.91e^4$	$8.92e^4$
仿生12号	$3.14e^4$	$2.71e^5$	$1.72e^5$	$1.03e^5$	$3.40e^4$	$5.22e^4$	$7.49e^4$	$5.23e^4$	$7.92e^4$
仿生13号	$3.04e^4$	$2.68e^5$	$1.91e^5$	$1.17e^5$	$1.60e^4$	$1.03e^5$	$9.71e^4$	$6.13e^4$	$9.21e^4$
仿生14号	$3.95e^4$	$2.60e^5$	$1.93e^5$	$1.15e^5$	$1.49e^4$	$9.32e^4$	$9.50e^4$	$5.68e^4$	$8.83e^4$
仿生15号	$3.67e^4$	$2.62e^5$	$1.85e^5$	$1.12e^5$	$2.00e^4$	$7.95e^4$	$8.44e^4$	$5.49e^4$	$6.98e^4$
仿生16号	$3.69e^4$	$2.64e^5$	$1.76e^5$	$1.05e^5$	$1.87e^4$	$7.38e^4$	$7.89e^4$	$5.25e^4$	$5.62e^4$
标准吸盘	$3.52e^4$	$3.88e^4$	$4.57e^4$	$5.3e^4$	$5.72e^4$	$7.24e^4$	$9.02e^4$	$1.15e^5$	$4.53e^4$

基于表5.2中仿生吸盘的Mises应力结果，可知1—4号仿生吸盘的密封环宽度一致，沟槽距中心轴的距离相等，因此可以得到具有不同分布角度的沟槽的受力曲线图，如图5.20所示。

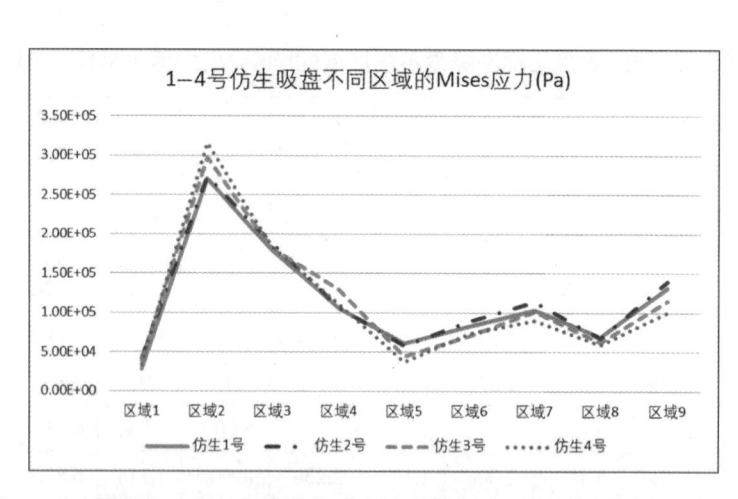

图5.20　1—4号仿生吸盘不同区域的Mises应力曲线图

由图5.20中可知，4种仿生吸盘受力的分布趋势基本一致，应力值变化趋势为沿吸盘径向从边缘向中心先增大后减小，最大应力区域均在吸盘边缘的环形密封环上，大小为$2.9e^5$Pa左右。最小应力值均在吸盘中部的环形带上，大小为$5e^4$Pa左右。应力值在靠近吸盘中心区域略有提高。根据图5.20可知，沟槽的分布角度和数量对仿生1—4号吸盘的Mises应力影响不大，只有仿生4号吸盘的最大应力值较大，其沟槽的分布角度为30°，数量为12个。根据表5.2可以同样可以得到仿生5—8号、仿生9—12号、仿生13—16号吸盘的应力曲线图，分别如图5.21～图5.23所示。

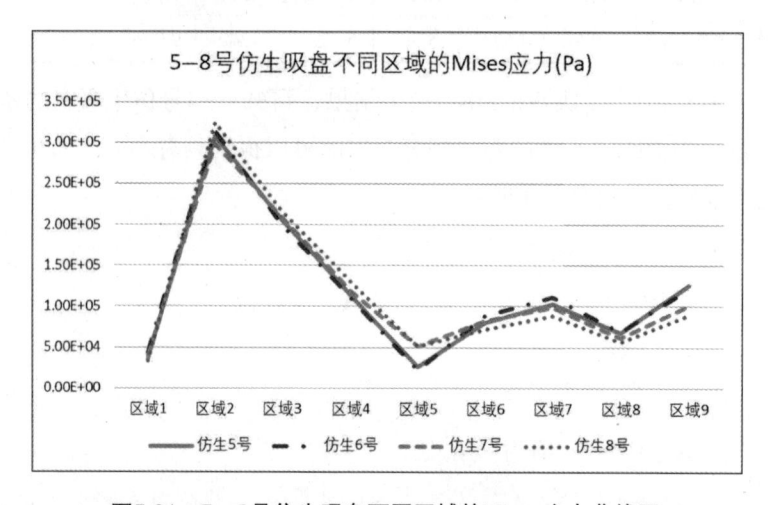

图5.21　5—8号仿生吸盘不同区域的Mises应力曲线图

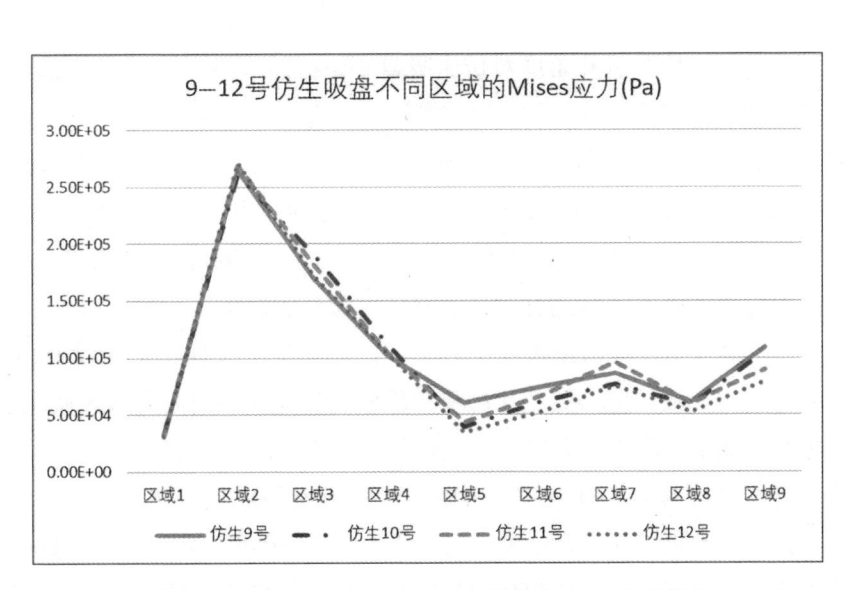

图5.22　9—12号仿生吸盘不同区域的Mises应力曲线图

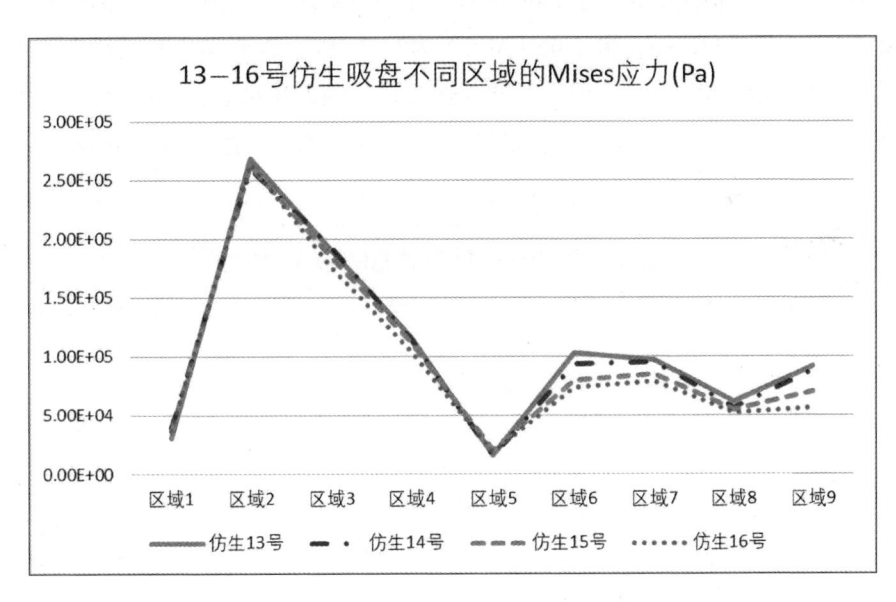

图5.23　13—16号仿生吸盘不同区域的Mises应力曲线图

根据图5.21～图5.23中仿生吸盘的应力曲线图可知，沟槽的分布角度和数量对仿生吸盘的Mises应力影响均不大，结合图5.20中的结论，说明沟槽的分布角度和数量对每种仿生吸盘的Mises应力影响差别均不大。

基于分析沟槽数量和角度对仿生吸盘Mises应力的影响一样的方法，考查沟槽距吸盘中心不同距离对仿生吸盘Mises应力的影响。其中1—8号仿生吸盘的密封环宽度一致，由于沟槽的分布角度和数量对每种仿生吸盘的Mises应力影响不大，因此将仿生1—4号吸盘分为一组，仿生5—8号吸盘分为另一组，求取每组吸盘应力的平均值并进行比较，得到沟槽距吸盘中心不同距离的仿生吸盘Mises应力曲线图，具体如图5.24所示。

　　由图5.24可知，沟槽距吸盘中心不同距离的仿生吸盘Mises应力曲线图分布趋势基本一致，应力值变化趋势为沿吸盘径向从外向内先增大后减小。但沟槽与吸盘中心的距离为12mm（小距离）与20mm（大距离）在密封圈上的最大应力区域与最小应力区域的Mises应力均有较大差距，其中仿生5—8号（大距离）的最大应力值更大，同时最小应力值更小，相对于仿生1—4号的应力变化更迅速。其中仿生1—4号吸盘的应力平均值的最大值（Max）为$2.89e^5$Pa，最小值（Min）为$5.04e^4$ Pa；仿生5—8号吸盘的应力平均值的最大值（Max）为$3.11e^5$Pa，最小值（Min）为$3.77e^4$Pa。表明沟槽距吸盘中心不同距离会对Mises应力产生较大影响。通过同样的方法可以得到9—16号仿生吸盘中沟槽距吸盘中心不同距离的Mises应力曲线图，具体如图5.25所示。

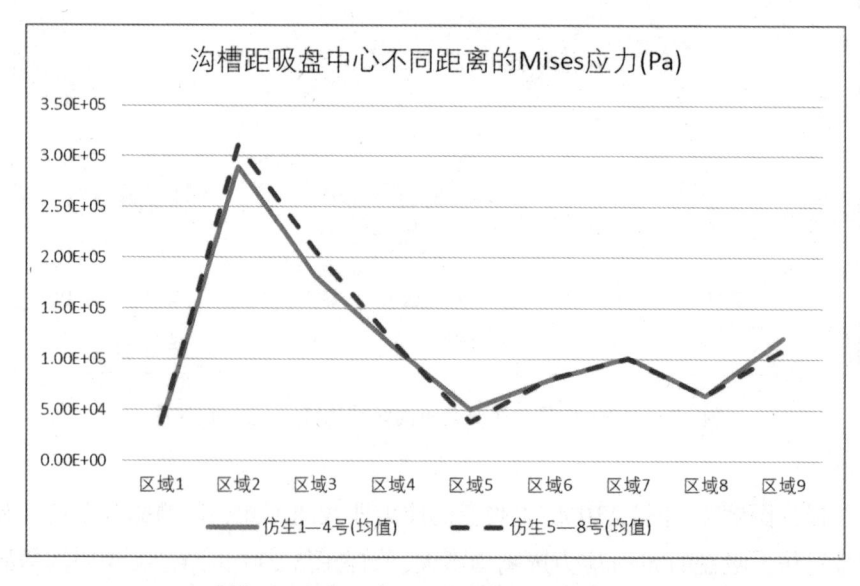

图5.24　沟槽距吸盘中心不同距离的仿生吸盘Mises应力曲线图

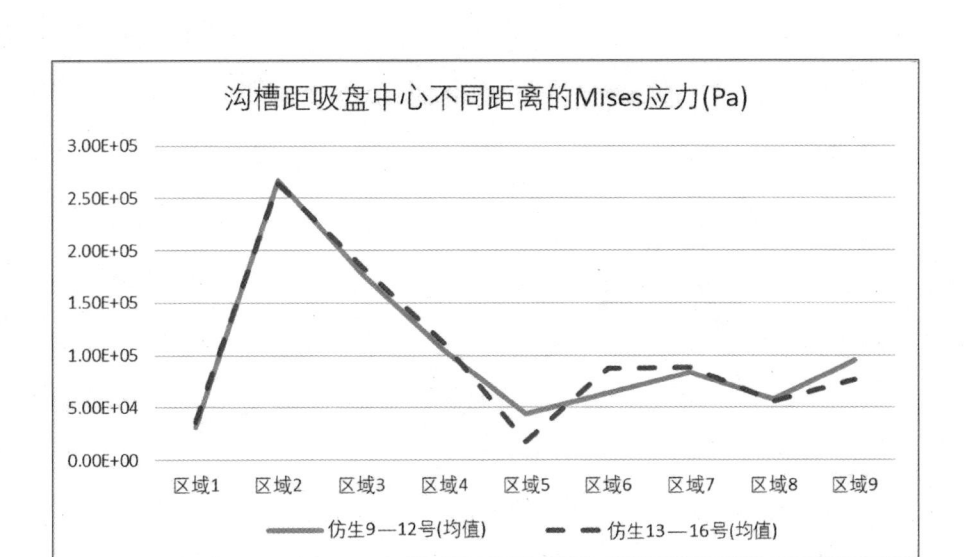

图5.25 沟槽距吸盘中心不同距离的仿生吸盘Mises应力曲线图

由图5.25可知，沟槽距吸盘中心不同距离的仿生吸盘Mises应力曲线图分布趋势一致性很好，应力值变化趋势同样为沿吸盘径向从外向内先增大后减小。但不同的是密封环宽度为3mm的仿生吸盘其沟槽与吸盘中心距离为12mm（小距离）与20mm（大距离）在密封圈上的最大应力区域基本相等，并无较大差别，而最小应力区域的Mises应力值有较大差距，其中仿生13—16号（大距离）的最小应力值更小；仿生9—12号吸盘的应力平均值的最小值（Min）为$4.41e^4$ Pa；仿生13—16号吸盘的应力平均值的最小值（Min）为$1.74e^4$ Pa。

为了分析密封环宽度对仿生吸盘Mises应力的影响，采用与考查沟槽距吸盘中心不同距离同样的方法。由于沟槽分布角度对吸盘应力的影响不大，并且1—4号仿生吸盘与9—12号仿生吸盘的沟槽距中心轴距离相同，但密封环宽度不同。因此将仿生1—4号吸盘分为一组，仿生9—12号吸盘分为另一组，同样求取每组中吸盘应力的平均值进行比较，得到具有不同宽度密封环的仿生吸盘Mises应力曲线图，具体如图5.26所示。

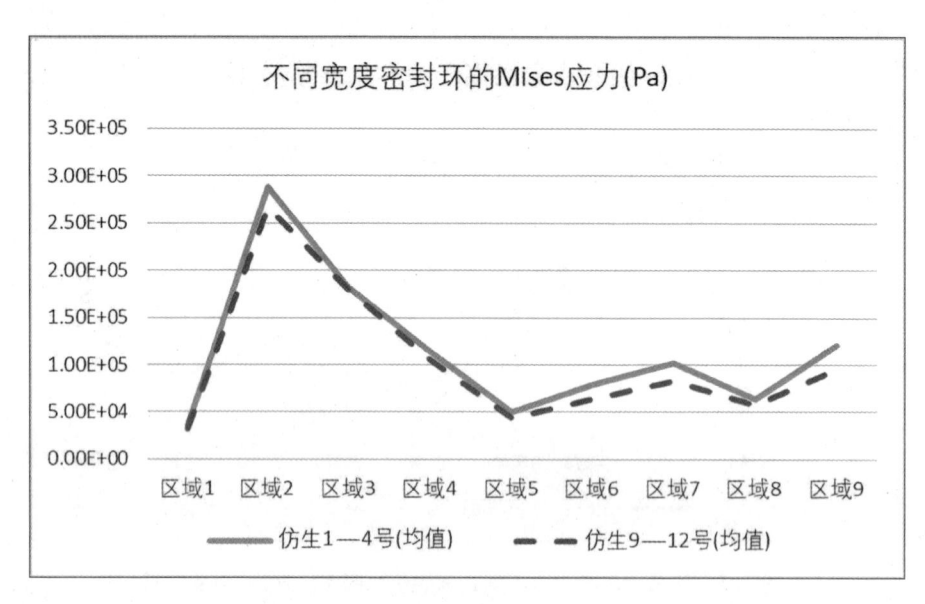

图5.26 不同宽度密封环的Mises应力曲线图

由图5.26可知，具有不同宽度密封环的仿生吸盘Mises应力曲线图分布的趋势基本一致，应力值变化趋势同样为沿吸盘径向从外向内先增大后减小。但密封环宽度为3mm的仿生吸盘其各个区域的应力均小于或等于宽度为1.5mm密封环的仿生吸盘。其中，在应力值最大区域（密封环）的差别较大，密封环宽度为1.5mm的仿生吸盘（1—4号）其最大平均应力为$2.89e^5$，而密封环宽度为3mm的仿生吸盘（9—12号）其最大平均应力（Max）为$2.67e^5$。通过同样的方法可以得到具有不同密封环宽度的5—8号仿生吸盘和13—16号仿生吸盘的Mises应力曲线图，具体如图5.27所示。

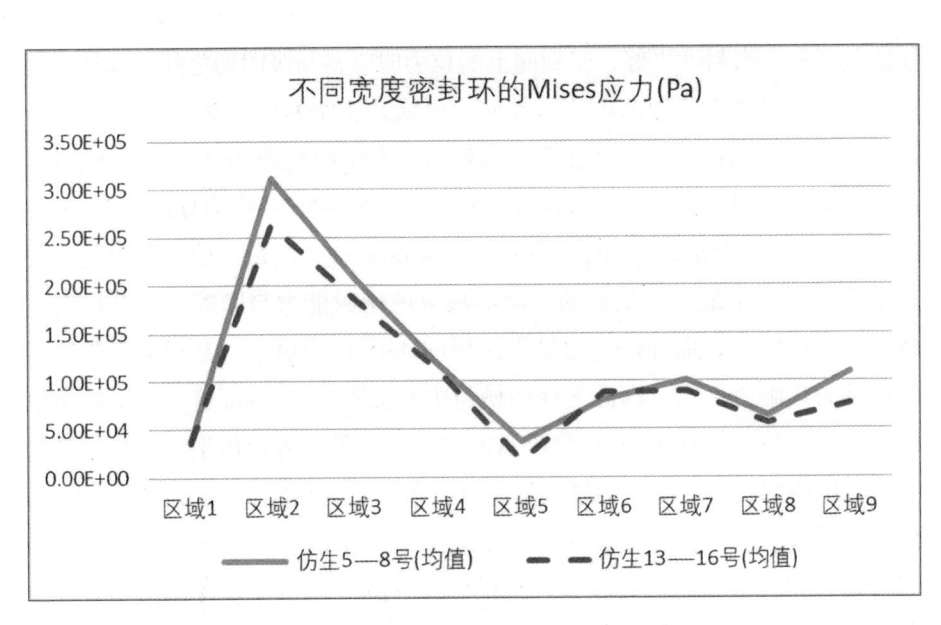

图5.27 不同宽度密封环的Mises应力曲线图

由图5.27可知，具有不同宽度密封环的仿生吸盘Mises应力曲线图分布的趋势基本一致，应力值变化趋势同样为沿吸盘径向从外向内先增大后减小。但密封环宽度为3mm的仿生吸盘其各个区域的应力同样均小于或等于宽度为1.5mm密封环的仿生吸盘。其中，在应力值最大区域（密封环）的差别较大，密封环宽度为1.5mm的仿生吸盘（5—8号）其最大平均应力为$3.11e^5$，而密封环宽度为3mm的仿生吸盘（13—16号）其最大平均应力（Max）为$2.64e^5$；密封环宽度为1.5mm的仿生吸盘（5—8号）其最小平均应力为$3.77e^4$，而密封环宽度为3mm的仿生吸盘（13—16号）的最小平均应力（Min）为$1.74e^4$。结合图5.26中数据的分析可知，密封环宽度对仿生吸盘的Mises应力具有较大影响，宽度为1.5mm的仿生吸盘其Mises应力要大于宽度为3mm的仿生吸盘。

根据表5.2中仿生吸盘在不同区域的Mises应力值，同时结合图5.20～图5.27中所示的不同仿生特征对Mises应力影响进行分析的结论可知，密封环宽度为1.5mm的仿生吸盘其各个区域的Mises应力值要大于宽度为3mm的仿生吸盘，其中Mises应力越大，说明仿生吸盘与吸附面之间的压力越大，两者贴附越紧密，密封性更好，受到向上的拉力时吸盘与吸附面之间的摩擦力也越大，吸盘越难以出现向内变形收缩的现象，从而不容易发生泄漏的可能。在沟槽与中心轴距离这一特征上，沟槽与中心轴距离为20mm的仿生吸盘其最大的Mises应力比距离为12mm的更大，而最小的Mises应力比距离为12mm的更小，相较于Mises应力的最小值，吸盘Mises应力的最大值对其吸附力的影响更大。由于最大值反映的是吸盘最大的密封能力与摩擦力中抵抗向内收缩变形的能力，而即使受力最小区域的Mises应力更小，其对吸盘整体的吸附能力影响也不大，因此选择沟槽与中心轴距离为20mm这一特征的仿生吸盘。根据以上对仿生1—16号吸盘的受力分析可以确定仿生5—8号吸盘具有较强的吸附性能。由于沟槽数量和分布角度对吸盘Mises应力的影响不大，但对图5.20～图5.23中曲线进行细微比较发现，4张图中"_.._"的最大Mises应力以及整体应力趋势均较大，且图5.21中仿生5—8号吸盘在1—5区域中"_.._"线的Mises应力值最大，因此在5—8号仿生吸盘中确定仿生8号吸盘的Mises应力值最大，其与吸附面之间的吸附及密封性能最优。

将通过有限元分析得到的具有优良吸附与密封性的仿生8号吸盘与标准吸盘的Mises应力值（图5.11和表5.2）进行比较，其中标准吸盘与仿生吸盘在边缘的Mises应力基本相等，但由于仿生吸盘密封环的存在，当吸盘受到向下压力时，密封环最先与吸附面接触，受挤压程度最大，因此仿生吸盘在密封环以及其周围区域上（区域3和区域4）的应力要远远大于标准吸盘。在与区域4相邻的区域5，标准吸盘与仿生吸盘的应力基本相等，大小并无明显差别。由于标准吸盘的Mises应力沿着径向方向从边缘到中心逐渐增大，而仿生8号吸盘并无继续增大趋势，因此在吸盘中心区域标准吸盘的应力要大于仿生8号吸盘。其中，标准吸盘的最大应力出现在靠近吸盘中心的内圈，而仿生8号吸盘的最大应力出现在吸盘外圈的密封环上，且最大应力值大于标准吸盘在其中心内圈的最大应力值。

5.5　本章小结

本章首先基于工业中常用的吸盘并根据拉伸试验中的相关要求确定了标准吸盘的尺寸和形态，设计并建立了标准吸盘模型。通过有限元分析软件ANSYS Workbench对标准吸盘进行了吸附状态下的模拟分析，并得到了标准吸盘受力变形情况及底面相关应力。然后根据鲍鱼吸附时的腹足形态提取了相关特征，设计并建立了16种仿生吸盘。采用同样的有限元分析方法对仿生吸盘进行了模拟分析，根据模拟结果对仿生吸盘底面的受力情况进行了分析，比较了每种仿生吸盘各个区域的受力情况。最终确定仿生8号吸盘的吸附性及密封性为最优。

第6章 真空吸盘的吸附及密封试验

6.1 引言

为了对标准与仿生吸盘的有限元分析结果进行验证。本书拟通过设计吸盘模具并采用浇注的方法得到吸盘实体，然后依据吸盘实体的尺寸搭建真空吸盘吸附及密封性检测试验台，并对吸盘进行吸附性及密封性试验，结合有限元分析中吸盘底面所受应力对试验结果进行进一步分析，并探索吸盘的吸附及密封机理。

6.2 真空吸盘吸附及密封试验台的搭建

为了对比标准与仿生吸盘的吸附及密封性能，本试验所设计的试验台需要考虑使吸附时的标准吸盘与仿生吸盘的内腔处于同一真空度的负压环境下进行试验,因此需要对吸盘的内腔进行抽气,使吸盘由于真空负压作用而产生吸附力,这也符合真空吸盘的实际使用环境,而不使用简单地通过向下按压吸盘使其变形并排除内腔中部分空气,从而产生真空负压力的方法,因为这种方法向下按压力的大小无法掌握,同时吸盘内腔的真空度也难以控制,无法比较标准与仿生吸盘吸附力的大小。在通过抽气的方法使真空吸盘获得吸附力后,为了比较标准与仿生吸盘的吸附性能,通过测量吸盘在同一真空度下吸附力的大小作为判断吸附性能强弱的标准。因此需要在吸盘顶端设计钩子等结构以利于对其进行拉伸,同时还需要将吸盘顶端设计成通孔结构以使负压管路连通到吸盘内腔进行抽气,由于吸盘顶端钩子结构与负压管路同时设计到吸附顶端的难度较大,且易于形成空间的相互干涉,因此为了使吸盘内腔形成负压环境,在吸盘的吸附面中心轴处钻一小通孔,在小孔下方设计一空腔结构,同时使负压管路连接到这一空腔结构上。当对负压管路进行抽气时,吸盘下方的空气通过吸附面上的小孔进入空腔结构被抽走,吸盘由于真空负压作用而产生吸附力。通过对空腔结构中真空度的控制即可调节吸盘的真空度值,试验台的设计简图如图6.1所示。

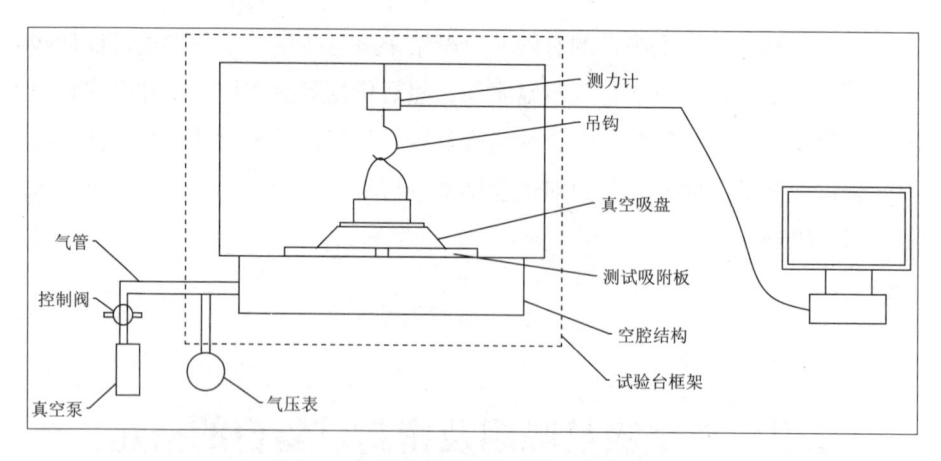

图6.1 真空吸盘吸附性试验台设计简图

如图6.1所示,真空泵通过气管连接到吸盘下面的空腔结构,真空泵和空腔结构之间安装有控制阀,起到开启或关闭真空泵的作用。气管上有气压表，实时监测空腔结构（真空吸盘）内的压力。吸盘顶部通过吊钩等工具连接到试验台顶端的测力计上，测力计与电脑相连，将试验中吸盘的吸附力记录下来，其中测力计的最大量程为500N，完全满足测量吸盘吸附力的要求。试验台中的测试吸附板可以进行自由更换，满足了不同测力板的测试要求。试验中，当气压表上的真空度达到试验要求后，即可关闭控制阀进行拉伸试验。根据图6.1中真空吸盘吸附性试验台的设计简图及试验基本工作要求，建立了真空吸盘试验台的三维模型简图，如图6.2所示。

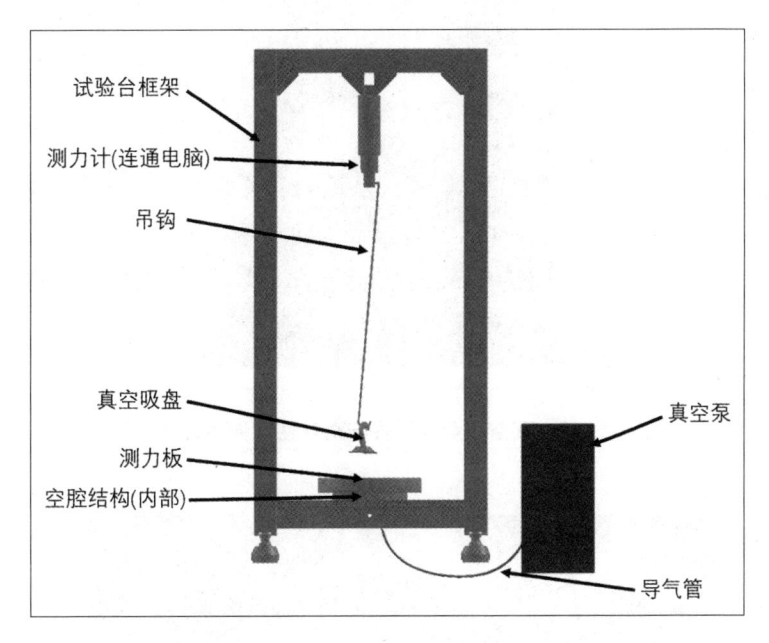

图6.2 真空吸盘三维模型简图

基于真空吸盘试验台的设计简图（图6.1）以及试验台的三维模型简图（图6.2），搭建真空吸盘吸附性与密封性检测试验台，如图6.3所示。

如图6.3所示，测力传感器顶端与升降器相连接，下面通过吊钩与真空吸盘相连，升降器通过升降开关进行上升和下降，从而对吸盘产生向上的拉力，通过传感器测量吸盘的吸附力并输出给电脑进行记录。试验中，在对吸盘进行抽真空的过程里，可以通过调压旋钮并观察内腔压力示数计对吸盘的真空度进行调节，以达到试验要求。当压力达到试验要求后立即关闭空腔通气开关并进行试验。真空吸盘下面的测力板可以进行更换，在测力板下面固定一面镜子，可以时刻观察吸盘底面受拉力变形情况，具体如图6.4所示。

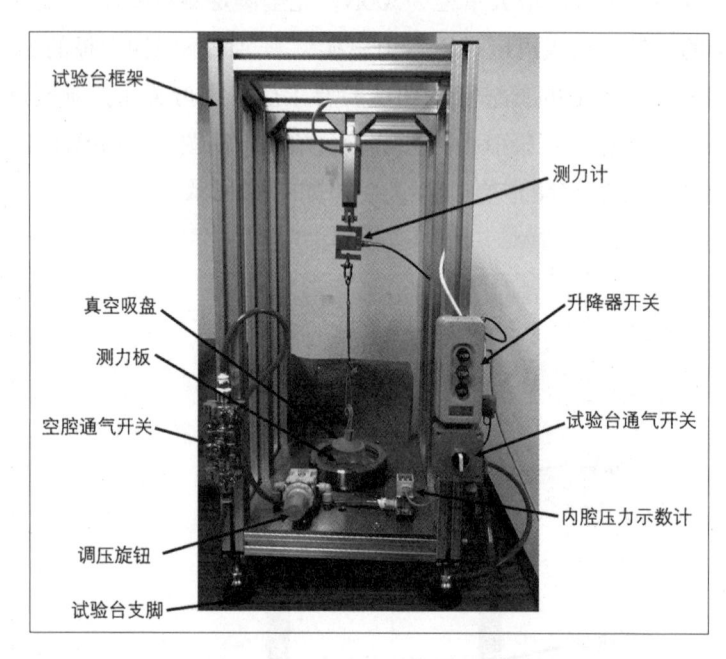

图6.3　真空吸盘吸附性与密封性检测试验台

图6.4　吸盘试验台测力板及压盘

6.3 真空吸盘加工制造

6.3.1 真空吸盘模具的设计

为了通过真空吸盘试验台对标准与仿生吸盘的吸附及密封性能进行测量分析，首先需要对吸盘进行加工制造。本书采用的方法为模具浇铸法，即通过建立标准与仿生吸盘的模具模型并对吸盘模具进行加工制造，然后向模具实体空腔中注入硅胶与固化剂的混合物，待一段时间后硅胶逐渐发生固化，移除吸盘模具并最终得到吸盘实体模型后进行相关试验。

根据标准吸盘三维模型设计的吸盘模具分为上下结构，上下模具之间为浇注吸盘实体的空腔。根据图5.1中标准吸盘的实际尺寸，设计的标准吸盘模具上顶壳的二维正视图与俯视图及相关尺寸如图6.5所示；设计的标准吸盘模具下底壳的二维正视图与俯视图及相关尺寸如图6.6所示。

根据标准吸盘模具上顶壳和下底壳的二维图及相关尺寸，建立标准吸盘模具的三维模型如图6.7所示。

为了将浇注好的吸盘与试验台中的吊钩相连，在图6.7中模具的顶端设计了两个矩形通孔结构，然后设计了一个横截面尺寸与矩形孔大小相同的矩形条，可以穿入矩形孔中，矩形条正视图具体的形态尺寸如图6.8所示。其中矩形条的长度为40mm，确保穿过吸盘模具两个通孔结构后左右两边都有尺寸预留，其两侧对称分布着两个通孔结构，孔的直径为4mm，两孔之间距离为29mm，在两孔之间具有矩形通道，其宽度为2mm，深度为0.5mm。两孔与中间矩形通道的作用是为了穿入与吊钩相连的线，同时线可以埋入矩形槽中。矩形条的作用是当吸盘浇注时将矩形条穿入，吸盘固定成型后将其与吊绳一起穿入到吸盘的孔中然后与吊钩相连。矩形槽宽度的设计尺寸是既要保证与吸盘顶部的接触面积够大，避免吸盘在吊起时向上拉力将顶部扯坏，同时还要保证吸盘顶端的强度，矩形条的三维设计模型如图6.9所示。

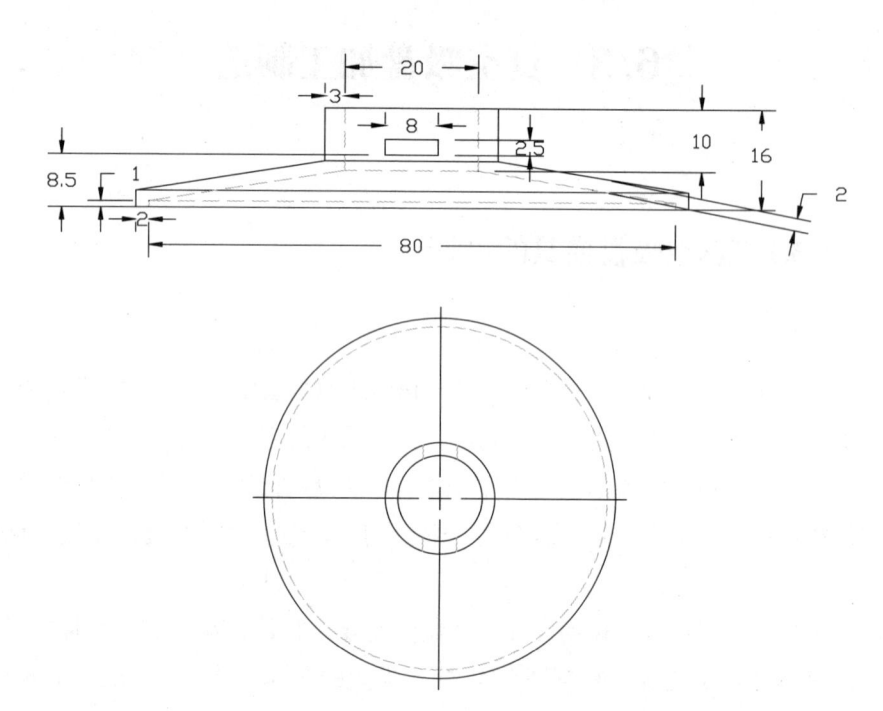

图6.5 标准吸盘模具上顶壳的正视图与俯视图及相关尺寸（单位：mm）

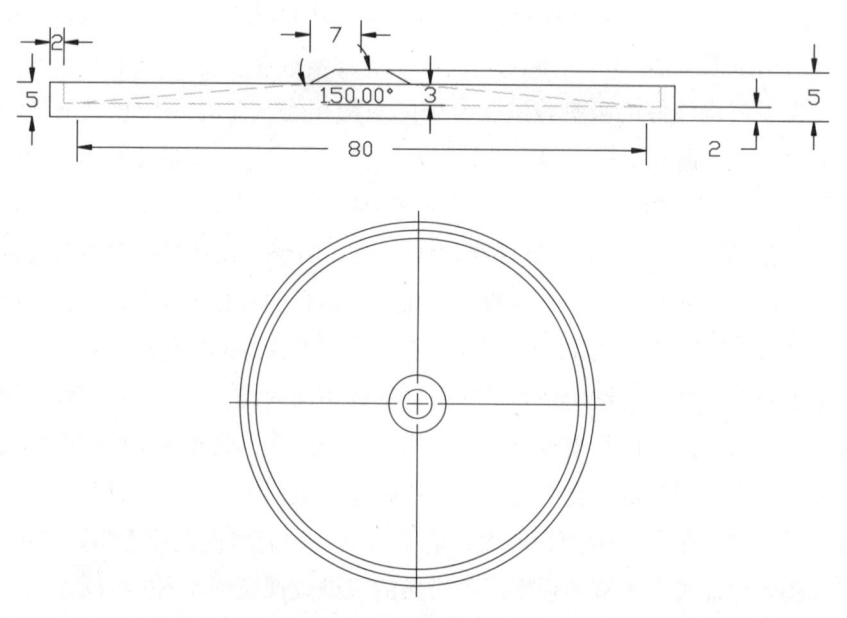

图6.6 标准吸盘模具下底壳的正视图与俯视图及相关尺寸（单位：mm）

图6.7 标准吸盘模具上顶壳与下底壳的三维模型

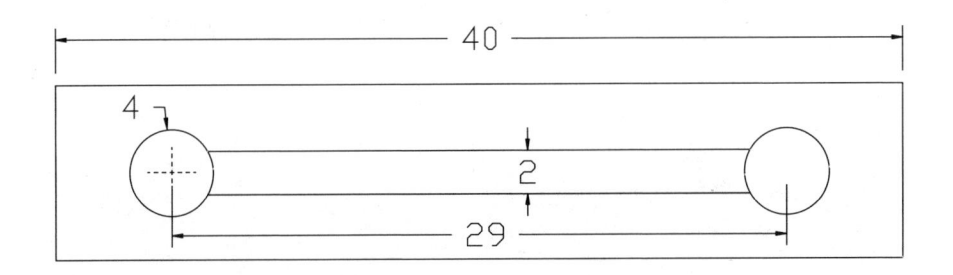

图6.8 矩形条正视图及相关尺寸（单位：mm）

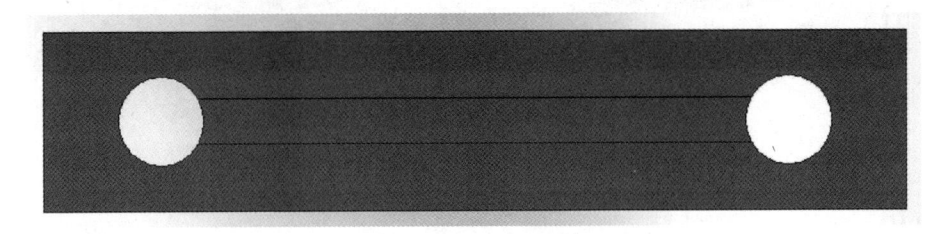

图6.9 矩形条的三维模型

根据第5章中对标准与仿生吸盘的有限元分析结果可知，仿生5—8号吸盘的吸附能力较强，其中仿生8号吸盘的吸附能力最优，为了对比标准与仿生吸盘实体的吸附及密封性能，采用与加工标准吸盘同样的方法制作仿生吸盘。其中，仿生吸盘模具的设计尺寸与标准吸盘基本一致，不同的是由于仿生吸盘下底面具有密封环和条纹形凹槽结构，因此在设计仿生吸盘模具时需要相应地根据仿生吸盘具体形态设计出与之匹配的吸盘下底壳形态，仿生吸盘上底壳模具与标准吸盘通用，其中仿生5—8号吸盘下底壳模具的三维模型如图6.10所示，在与仿生吸盘密封环与条纹凹槽结构相同的位置设计具有密封凹槽和条纹凸起结构的吸盘模具下底壳与之相匹配。

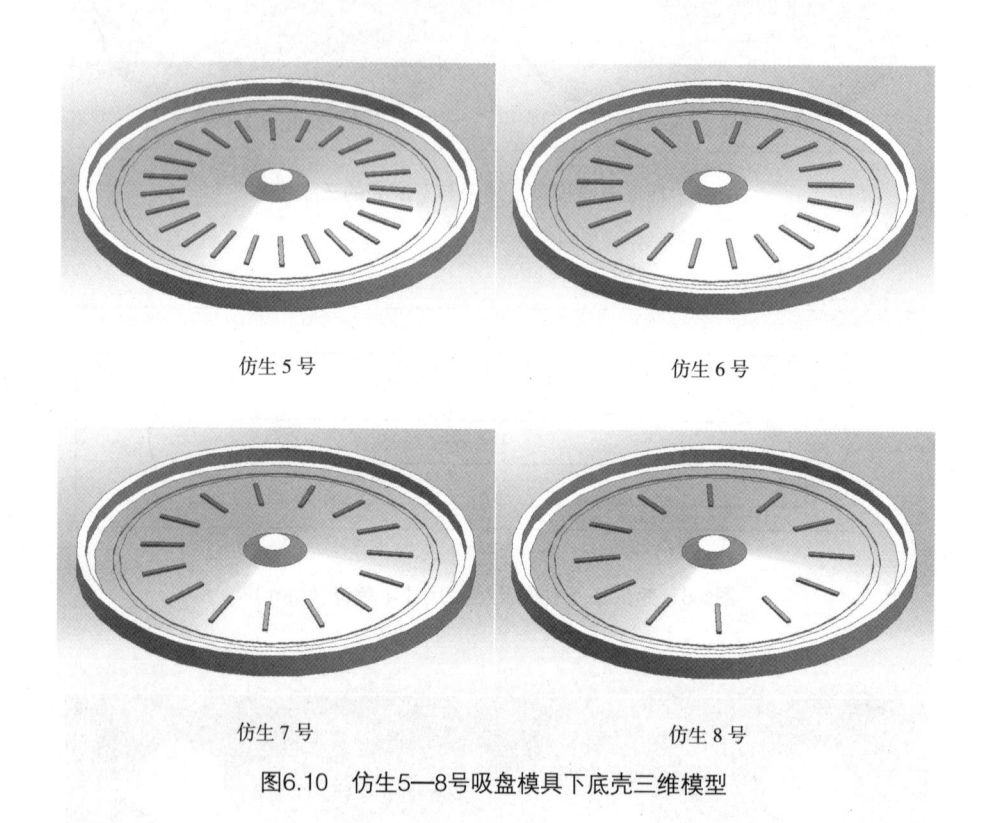

仿生5号

仿生6号

仿生7号

仿生8号

图6.10　仿生5—8号吸盘模具下底壳三维模型

6.3.2　吸盘加工制造

对吸盘模具的加工制造同样采用3D打印的方法，将设计好的吸盘上顶壳与下底壳的三维模型导入到3D打印机中即可进行打印，打印后得到标准吸盘模具上顶壳、下底壳与矩形条的实体分别如图6.11所示，仿生5—8号吸盘模具下底壳的3D打印实体如图6.12所示。

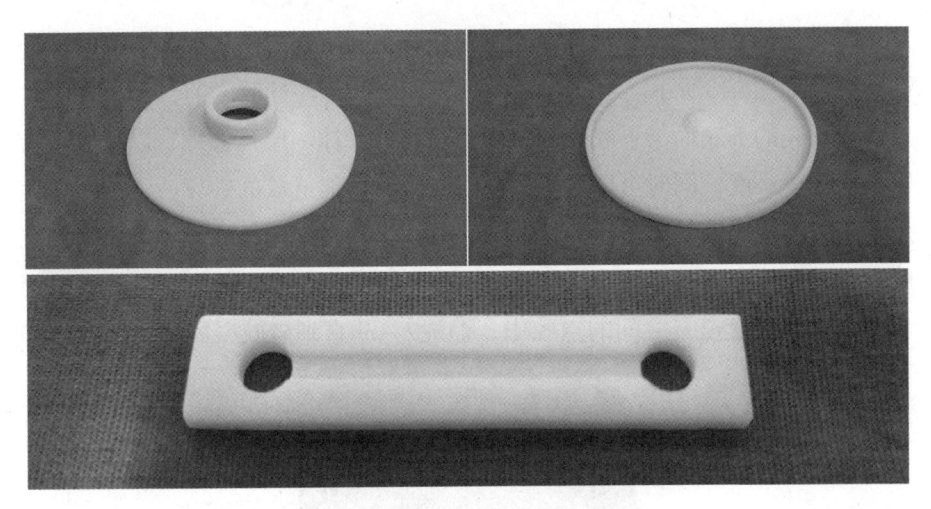

图6.11 标准吸盘模具的3D打印实体

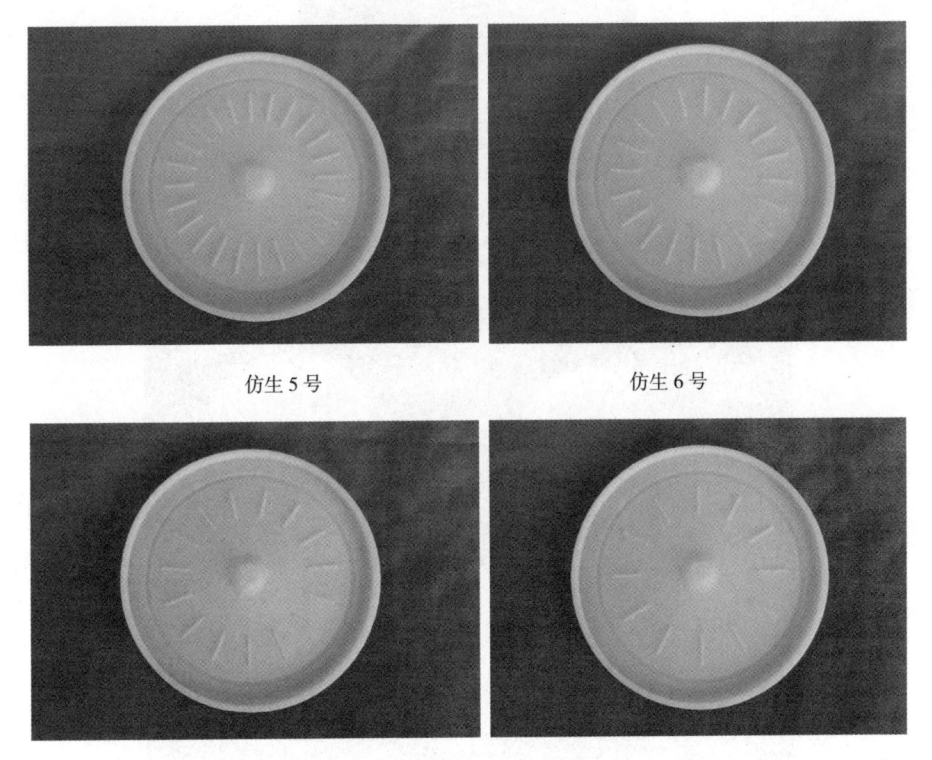

仿生 5 号

仿生 6 号

仿生 7 号

仿生 8 号

图6.12 仿生5—8号吸盘模具下底壳3D打印实体

将吸盘模具的上顶壳与下底壳进行组合，并将矩形条插入上顶壳的矩形通孔中，如图6.13所示。在向吸盘模具内腔之间浇注硅胶之前，需要在吸盘模具上顶壳的下底面与下底壳的上顶面均匀地涂抹一层凡士林，以减少吸盘定性后拔模难度，同时可以避免拔模时对吸盘可能造成的破坏。浇注时所使用的硅胶与固定液的质量比为100∶2，具体操作为先用秤称量一定质量的硅胶，然后加入相应质量的固定液，并进行搅拌，然后将搅拌均匀的硅胶混合液倒入到吸盘模具之间的空腔中，静置2～3h直到硅胶凝固定型，具体如图6.14所示。

图6.13　组合后准备进行浇注的吸盘模具

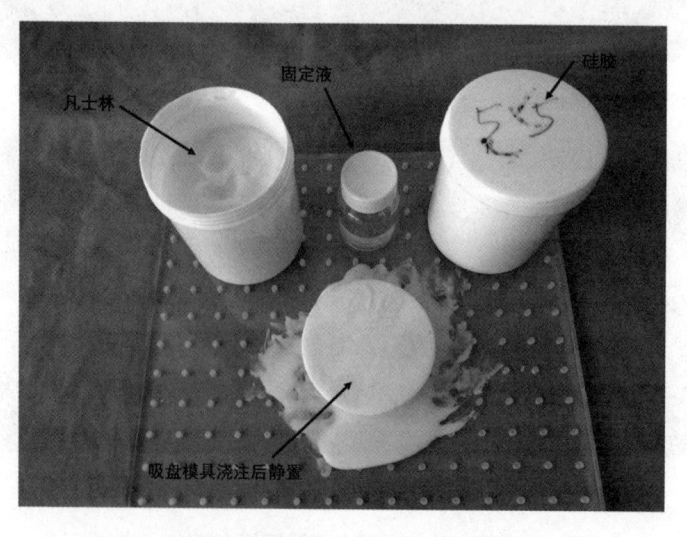

图6.14　浇注吸盘时所用相关材料

硅胶凝固定型后将矩形条从模具上抽出，同时分离吸盘上下模具，最终得到标准吸盘实体，如图6.15所示。仿生5—8号吸盘实体如图6.16所示。

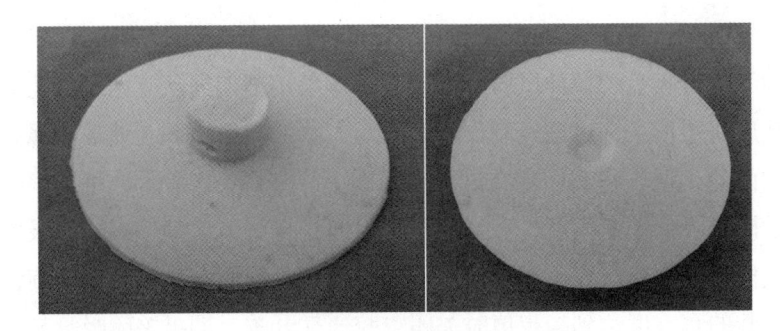

图6.15 标准吸盘实体

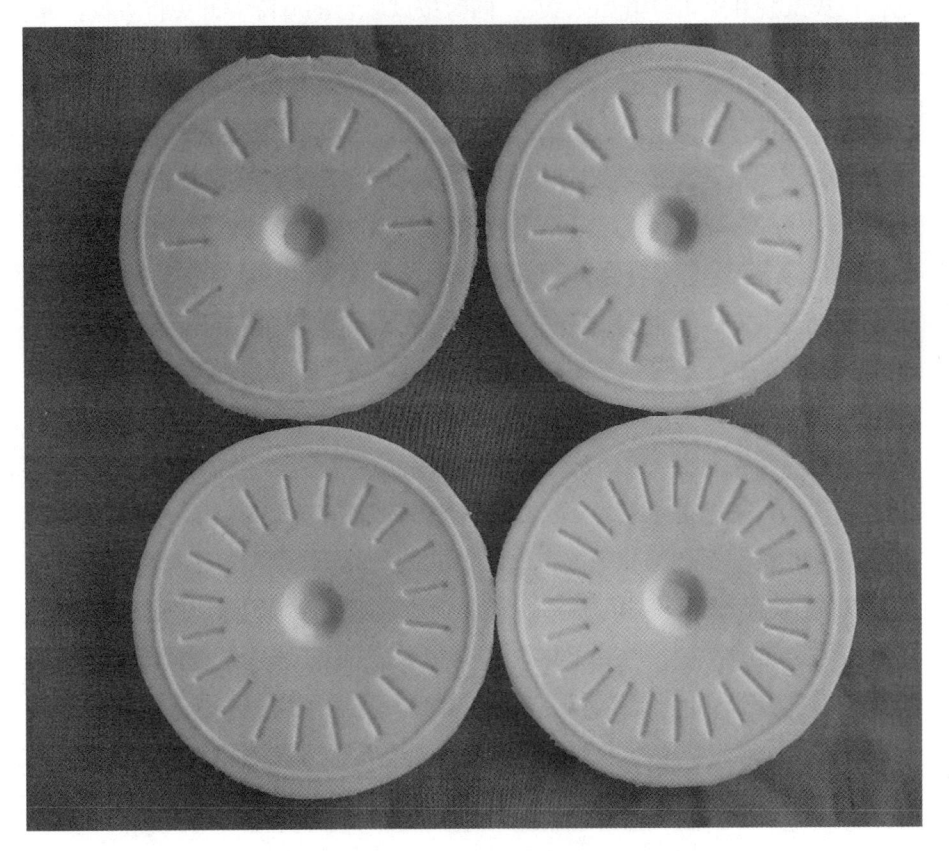

图6.16 仿生5—8号吸盘实体底面

6.4　吸盘的拉伸试验

为了进行吸盘的拉伸试验，需要将矩形条用玻璃绳从其两端的孔分别穿过，然后将矩形条穿过已经制作好的吸盘上端的矩形通孔，使玻璃绳处于吸盘顶端两侧，便于将其固定在试验台吊钩上，如图6.17所示。将玻璃绳套入吊钩后即可降低吸盘高度，直到它与吸附面相接触，启动气泵抽取吸盘底面空气，使吸盘下腔形成负压环境牢牢地吸附在吸附面上，调节调压旋钮控制吸盘下腔的真空度达到指定值时关闭空腔通气开关，即可关闭吸盘与气泵之间的气体通路，维持吸盘下腔气压的稳定。启动真空吸盘试验台测试软件，选择拉拔试验并点击"开始采集"，同时按试验台的升降器开关将吸盘拉起，最后得到吸盘的吸附力值。试验台测试软件界面如图6.18所示。

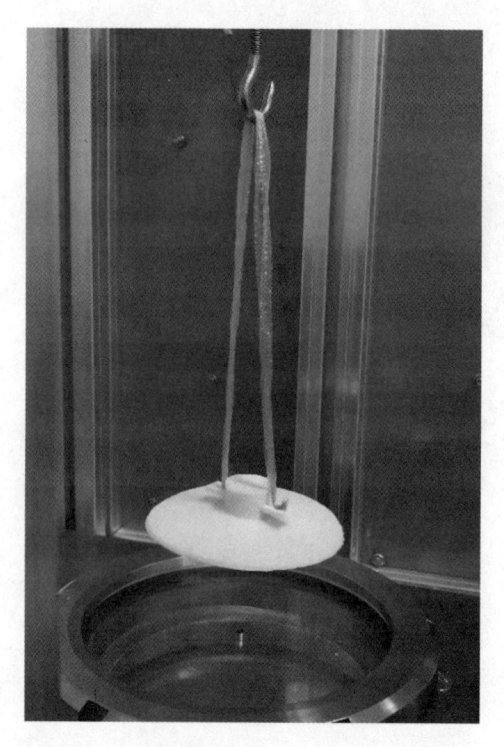

图6.17　真空吸盘顶端与试验台吊钩相连接

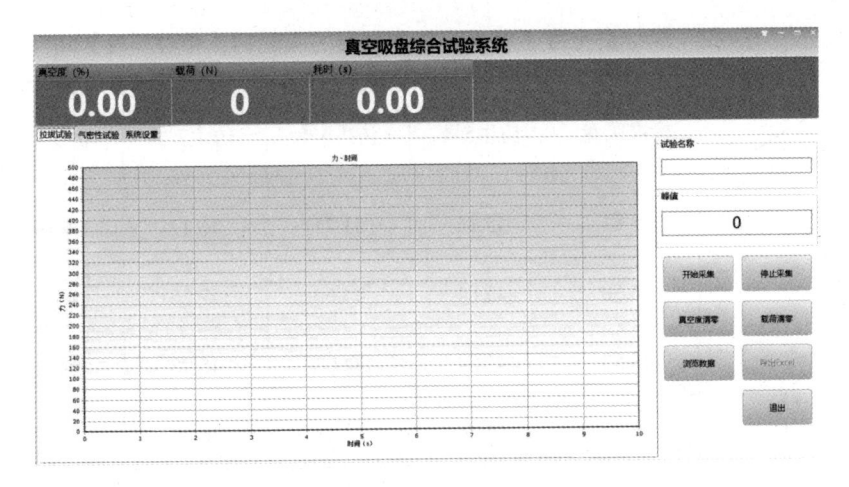

图6.18 试验台测试软件界面

6.5 吸附力试验结果

试验测量了40%与50%真空度下标准吸盘与仿生5—8号吸盘的最大吸附力值,每种吸盘测量5次并取平均值,试验结果如表6.1、表6.2所示。

表6.1 40%真空度下标准与仿生吸盘的吸附力(单位:N)

吸盘类别 试验次数	标准吸盘	仿生5号	仿生6号	仿生7号	仿生8号
1	41.85	41.56	38.52	43.75	43.84
2	42.61	42.99	38.62	42.51	45.46
3	42.42	42.51	37.10	41.18	45.17
4	41.66	43.08	41.28	41.56	43.00
5	41.85	42.42	40.99	43.84	44.13
平均值	42.078	42.512	39.300	42.568	44.320

表6.2　50%真空度下标准与仿生吸盘的吸附力（单位：N）

吸盘类别 试验次数	标准吸盘	仿生5号	仿生6号	仿生7号	仿生8号
1	45.81	45.36	41.75	46.12	46.41
2	46.50	45.84	44.60	47.26	45.27
3	45.55	45.84	44.03	46.98	46.22
4	45.17	45.46	43.18	46.69	45.93
5	44.60	45.17	43.56	45.84	47.36
平均值	45.526	45.534	43.424	46.578	46.238

由表6.1与表6.2中标准与仿生吸盘吸附力的试验结果可知，在40%真空度情况下，仿生8号吸盘的吸附力最大，其最大吸附力相对于标准吸盘提高了5.32%，而仿生5号、7号吸盘的吸附力比标准吸盘提高了1%左右。在50%真空度情况下，仿生7号吸盘的吸附力最大，其最大吸附力相对于标准吸盘提高了2.31%，而仿生8号吸盘的吸附力比标准吸盘提高了1.56%左右。对比表6.1与表6.2中同种吸盘吸附力的平均值发现，真空度从40%提高到50%，吸盘的吸附力并未提高10%，说明当吸盘受到逐渐增大的向上拉力时，首先与吸附面脱离的是吸盘中心区域并向四周扩大，由于吸盘受到的向上拉伸作用会使吸盘边缘产生向中心收缩的趋势，因此吸盘会发生褶皱变形。当真空度从40%提高到50%时，拉力继续增大，吸盘向内收缩趋势更明显，吸盘的褶皱变形不足以抵抗拉伸力再提高10%而不发生泄漏，因此当吸盘的真空度从40%提高到50%，其吸附力并未提高10%。因此表6.1中的数据，即吸盘在40%真空度下的吸附力值更具说服力，其中仿生8号吸盘的吸附力最大，也与有限元模拟分析中的结果相吻合。

6.6 吸盘的密封性试验

为了检验吸盘的密封性能,采用测量标准与仿生吸盘在同一真空度下相同时间内气体泄漏量的方法,所用的试验台与测量吸盘吸附力试验台相同,试验方法与拉伸试验相似。试验时首先将被测吸盘放置在吸附面上并开启气泵抽取吸盘下底面的空气,调整调压旋钮使吸盘的真空度达到一定值,关闭空腔通气开关,并通过气密性试验软件记录吸盘真空度随时间的变化及泄漏量,标准与仿生吸盘气密性试验中吸盘的初始真空度设置为50%,吸盘静置时间为1000s,然后记录并观察吸盘剩余的真空度值。密封性测试软件界面及标准吸盘气密性试验数据如图6.19所示。采用同样的方法得到仿生5—8号吸盘的泄漏量如表6.3所示。

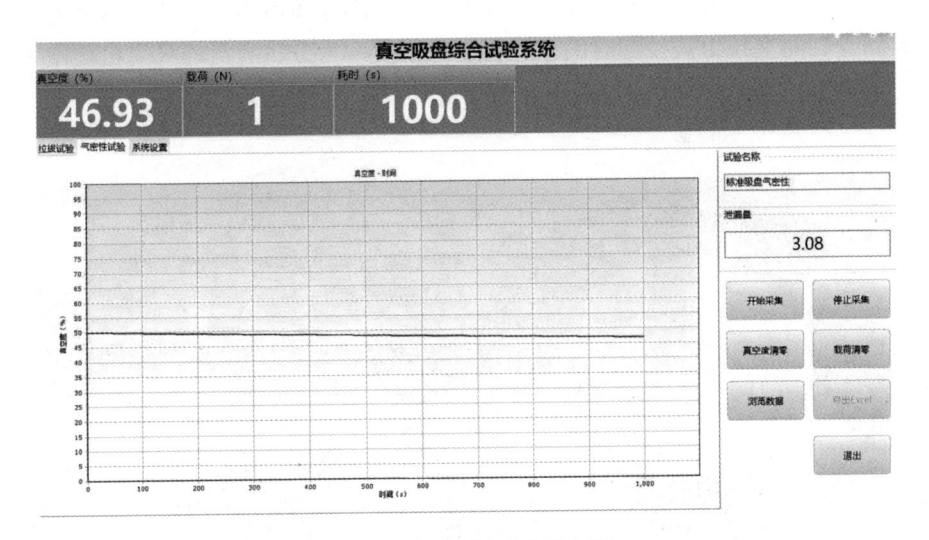

图6.19 标准吸盘密封性试验

表6.3 50%真空度下标准与仿生吸盘的泄漏量(%)

吸盘类型	标准吸盘	仿生5号	仿生6号	仿生7号	仿生8号
泄漏量	3.08	9.47	1.46	1.61	1.44

由表6.3中吸盘的泄漏量可知，仿生6号、7号、8号吸盘的泄漏量均小于标准吸盘，其中8号仿生吸盘的泄漏量最小，相对于标准吸盘其泄漏量减小了53.2%，仿生5号吸盘的泄漏量较大，但吸附力并不低。仿生6号吸盘的泄漏量较小，但吸附力较低，说明吸盘的泄漏量与吸附力没有直接的联系，只是评价吸盘性能优良的两个指标。仿生7号、8号吸盘的泄漏量较小，同时吸附力较大，表明仿生7号、8号吸盘具有优良的吸附及密封性能。

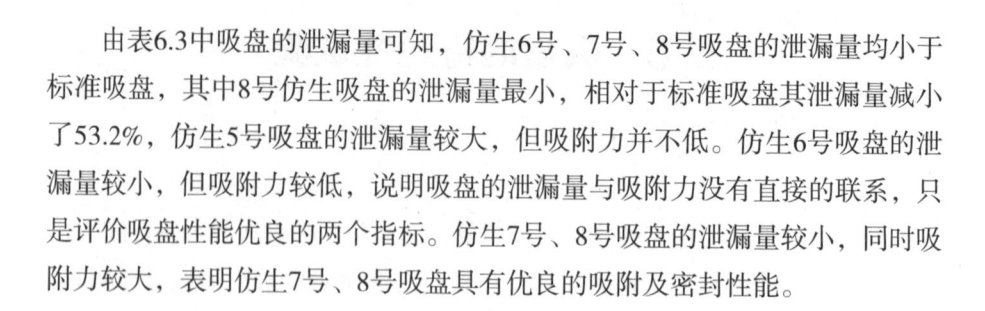

6.7　吸盘吸附性能机理分析

为了对真空吸盘的吸附性能进行分析，采用高速摄像的方法对吸盘从吸附到受到向上拉力被拉起时的全过程进行拍摄，为分析吸盘的吸附机理做必要的准备。图6.20为吸盘受向上拉力变形的几个关键阶段。

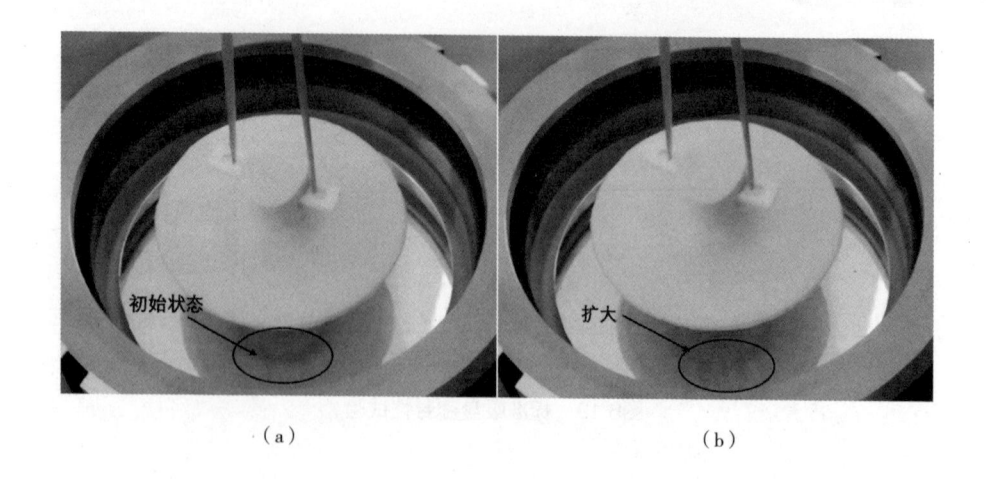

(a)　　　　　　　　　　(b)

(c) 继续扩大

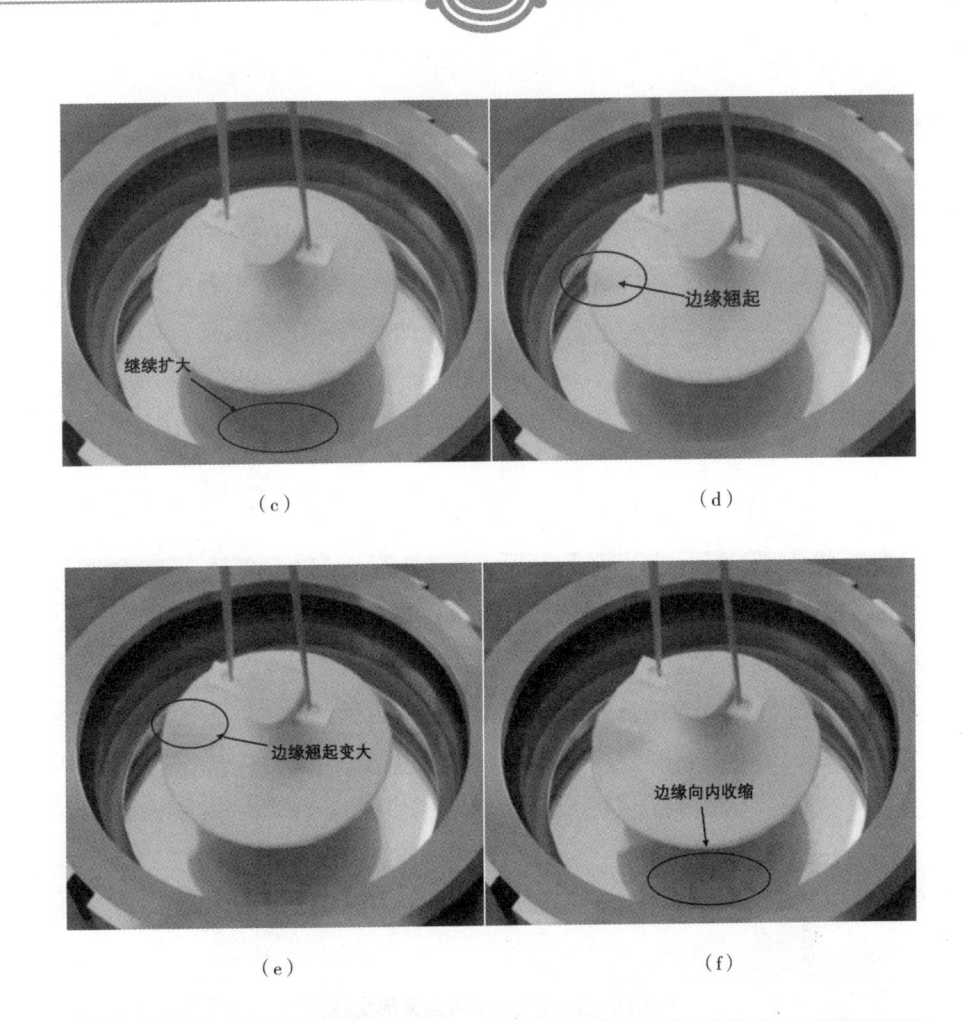

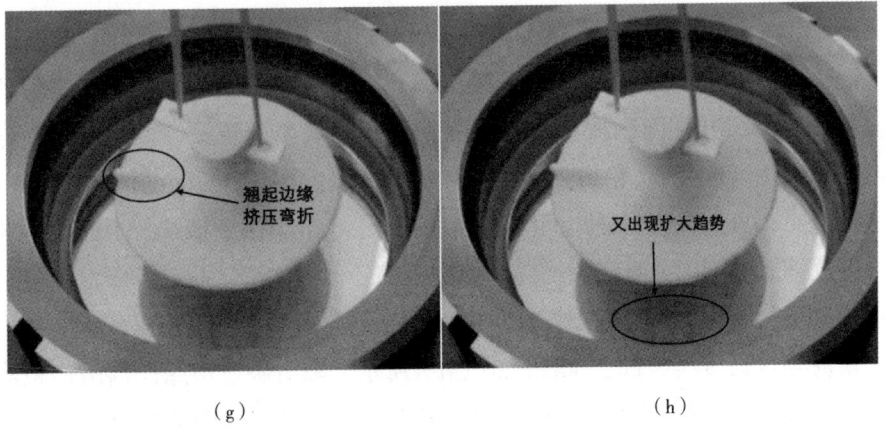

(d) 边缘翘起

(e) 边缘翘起变大

(f) 边缘向内收缩

(g) 翘起边缘挤压弯折

(h) 又出现扩大趋势

图6.20

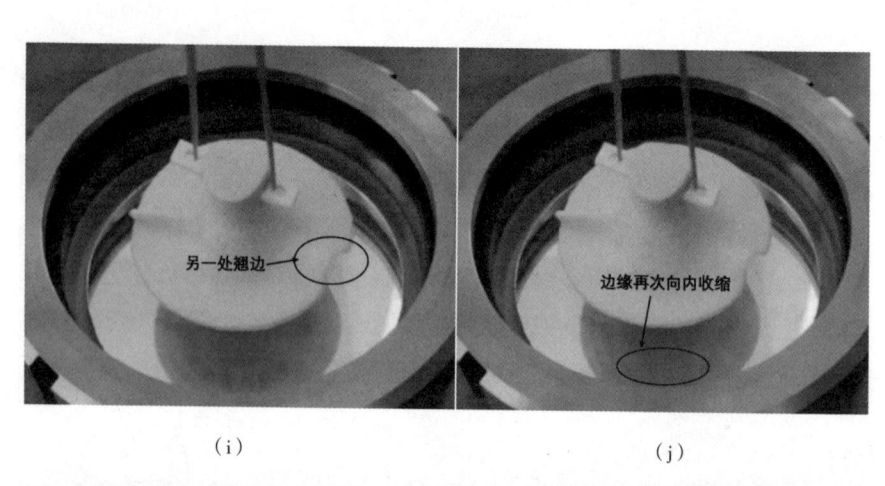

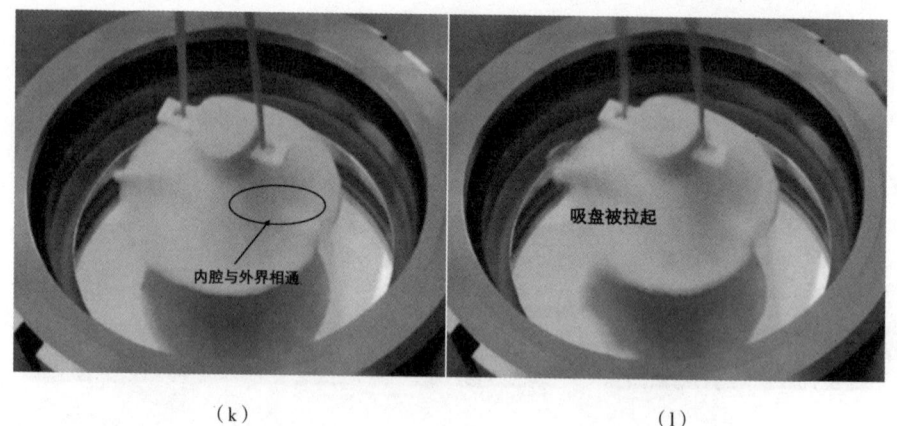

(i) 另一处翘边
(j) 边缘再次向内收缩
(k) 内腔与外界相通
(l) 吸盘被拉起

图6.20 拉伸试验中吸盘变形全过程

根据图6.20的观察可知,图6.20(a)为吸盘的初始位置,由于吸盘受到向上的拉力,其中间区域出现与吸附面分离的现象,随着拉力的增大,分离区域在逐渐扩大,如图6.20(b)、图6.20(c)所示。当吸盘顶端被继续向上拉起时,吸盘与吸附面之间的摩擦力逐渐小于吸盘由于顶端拉力而产生的向内收缩趋势,因此吸盘边缘逐渐向内收缩。但向内滑动收缩的吸盘其整个边缘区域的面积大于靠近中心区域的面积,因此边缘会发生挤压,直到在边缘最薄弱区域发生隆起,如图6.20(d)所示。随着吸盘边缘向内滑动距离逐渐增大,隆起区域也逐渐变大,如图6.20(e)所示。隆起的吸盘边缘为其向内收缩提供了空间,使得吸盘可以向内滑动,并重新与吸附面保持贴附状态，如图6.20（f）所示。当吸盘被继续向上拉时，会进一步产生吸盘边缘向内滑动的趋势，此时隆起的边缘左右两边会产生相互挤压，彻底释放为吸盘边缘向内收缩而产生的提供空间的能力，如图6.20（g）所示。当吸盘继续被向上拉起时，其与吸附面之间分离趋势再次发生扩大，如图6.20（h）所示，此过程与图6.20（b）、图6.20（c）过程相类似。随着吸盘边缘继续向中心移动趋势的增大，吸盘边缘另一处最薄弱区域再次发生隆起，如图6.20（i）所示，为吸盘向内收缩提供空间。同时吸盘向内产生滑动，并再次与吸附面保持贴附状态，如图6.20（j）所示。当吸盘继续被向上拉起时，扩大的内腔区域与隆起的翘边形成连通，使吸盘内腔与外界大气相通，如图6.20（k）所示，此时吸盘被拉起，如图6.20（l）所示。

  由于将吸盘拉起所用的拉力越大，说明吸盘的吸附性能越好。结合对吸盘受向上拉力变形全过程的分析可知，阻止吸盘发生向内收缩滑动以及内腔与外界大气相通是提高吸盘吸附性能的关键。根据表5.2中的标准与仿生吸盘不同区域的Mises应力值可知，仿生吸盘密封环以及边缘区域的Mises应力要大于标准吸盘，因此其与吸附面之间的摩擦力更大，抵抗吸盘向内收缩趋势的能力更强。当吸盘边缘向内收缩发生相互挤压时，仿生条纹凹槽处由于结构相对薄弱，将会首先发生隆起，同时凹槽的存在可以为吸盘边缘向内收缩发生相互挤压提供更多的空间，推迟由于吸盘边缘继续向内收缩从而再次发生隆起的时间阶段，延缓了吸盘内外腔发生连通的时段，提高了吸盘的吸附能力，这与鲍鱼受向上拉力时腹足的形态变化相一致。因此仿生吸盘的吸附能力更强。

6.8 本章小结

  为了验证标准与仿生吸盘的吸附及密封性能，本章首先设计并搭建了真空吸盘吸附及密封性检测试验台；然后根据真空吸盘实体模型设计了吸盘的浇注模具；并采用3D打印的方法制作了吸盘模具实体；浇注了标准与仿生吸盘实体，并得到吸盘实体模型；测量了标准与仿生吸盘实体的吸附及密封性能。根据试验结果对吸盘的性能进行了比较与分析，结果表明，仿生8号吸盘具有优良的吸附及密封性能，在40%真空度情况下，仿生8号吸盘的吸附力最大，其最大吸附力相对于标准吸盘提高了5.32%。8号仿生吸盘的泄漏量最小，相对于标准吸盘其泄漏量减小了53.2%。最后采用高速摄像的方法对吸盘从吸附到被拉起的全过程进行了拍摄，并对吸盘的吸附性能进行了分析，发现仿生吸盘密封环以及边缘区域与吸附面之间的摩擦力更大，抵抗吸盘发生向内收缩趋势的能力更强，因此有利于提高吸盘的吸附能力。仿生凹槽结构可以减缓吸盘边缘向内收缩的程度，有效提高吸盘的吸附性能。

第7章 结论与展望

7.1 结论

真空吸盘作为工业生产中常用的终端执行元件，同时也被广泛使用于生活中，其吸附性以及密封性能是主要的性能指标。为了进一步提高吸盘的吸附性能，本书利用工程仿生学的思想方法，以海洋中具有强大吸附能力的鲍鱼作为研究对象，通过对鲍鱼腹足形态的观察以及吸附能力的试验分析，将鲍鱼腹足表面的密封环以及条纹凹槽形态应用于仿生吸盘的设计中，并利用有限元分析软件模拟分析了吸盘吸附时的受力情况，选取性能良好的仿生吸盘与标准吸盘进行吸盘实体浇注，对吸盘实体进行吸附性以及密封性试验，最后根据试验结果进行机理分析。本书主要工作与结论如下：

（1）通过体视显微镜对鲍鱼腹足表面的宏观形态进行了观察，发现腹足表面主要分为三层，分别为外层、中间层以及内层，其中内层表面具有大量条纹形褶皱形态。腹足周围长有大量小丘，当鲍鱼吸附时，小丘收缩挤压形成密封环结构。通过扫描电子显微镜（SEM）观察了鲍鱼腹足表面的微观形态，发现腹足表面覆盖着大量圆柱形纤维结构，纤维的长度为35～45μm，直径约为0.5~4μm。对水生吸附性生物中常见的几种吸附力如真空负压力、范德华力和毛细力的基本原理以及计算方法进行了介绍,为计算鲍鱼在不同测力板上的吸附力组成做了必要准备。

(2)设计并采用3D打印的方法制作加工了拉伸试验中用于钩住鲍鱼外壳的吊钩,同时设计并加工了5种测力板(2块特氟龙板,3块亚克力板)用于鲍鱼的吸附力测试试验。根据鲍鱼在不同测力板上吸附力的试验结果对腹足吸附作用中各种力的组成进行了分析,并结合真空负压力、范德华力、液桥力的计算公式对各种力占鲍鱼总吸附力的比例进行计算。其中真空负压力和范德华力在鲍鱼腹足的吸附作用中起主要作用,由真空负压力产生的吸附力占鲍鱼的总吸附力比重普遍大于60%,范德华力产生的吸附力占总吸附力比重普遍大于20%,液桥力产生的吸附力占总吸附力比重在1%左右,其主要作用是增强鲍鱼腹足与吸附面之间的密封作用。鲍鱼腹足由真空负压产生的吸附作用主要分为三个部分,分别为腹足整体的真空吸附作用、腹足局部的真空吸附作用以及由腹足与吸附面之间摩擦阻止吸盘泄漏的等效吸附作用,这三种作用各占三分之一左右。选取了6种具有不同表面形态的玻璃板(3种粗糙度和3种表面形态)对鲍鱼腹足进行吸附力拉伸试验,发现鲍鱼腹足在不同粗糙度玻璃板上的吸附力无显著差异,而在具有不同表面形态玻璃板上的吸附力具有较大差别,鲍鱼腹足在形态变化柔和、角度圆滑的玻璃板上具有更大的吸附力,而在形态变化尖锐的玻璃板上的吸附力较小。由于鲍鱼腹足与每个小格凹坑形成独立的吸附系统,因此腹足的吸附力发生显著提高。

(3)建立了标准吸盘的三维模型,并提取了鲍鱼腹足吸附时的形态特征,在标准吸盘底面设计了具有不同密封环宽度、不同沟槽距中心轴距离、不同沟槽分布角度的16种仿生吸盘。并对标准吸盘与仿生吸盘进行了有限元模拟分析,根据吸盘底面所受应力结果分析可知,密封环宽度与沟槽距中心轴距离对仿生吸盘底面所受应力具有较大影响,而沟槽分布角度与数量对仿生吸盘底面所受应力影响很小。其中密封环宽度为1.5mm的仿生吸盘其底面最大应力要大于密封环宽度为3mm的仿生吸盘。沟槽距中心轴距离为20mm的仿生吸盘其底面最大应力值要大于距离为12mm的仿生吸盘,但其最小应力值要小于距离为12mm的仿生吸盘。仿生8号吸盘具有最好的吸附性能。

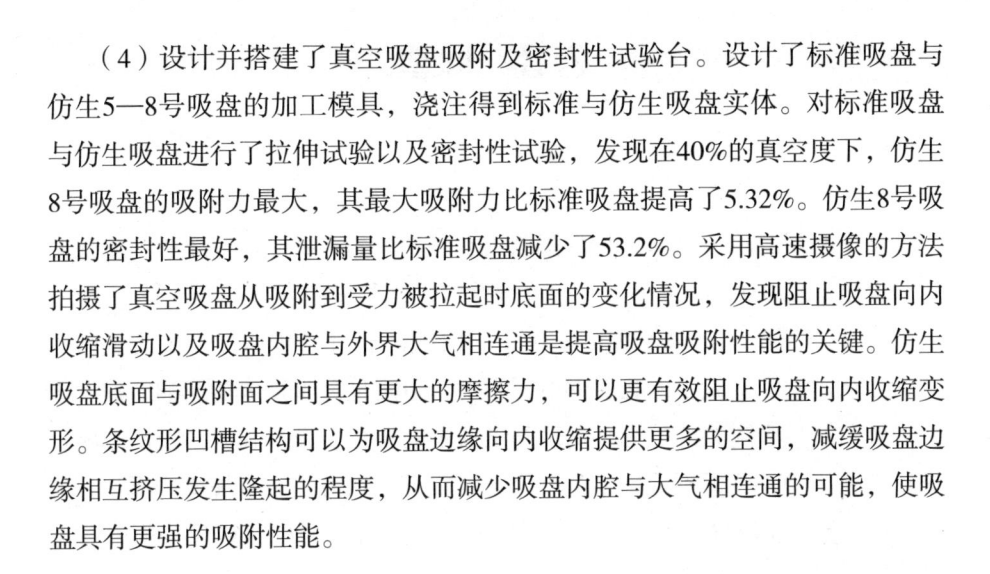

（4）设计并搭建了真空吸盘吸附及密封性试验台。设计了标准吸盘与仿生5—8号吸盘的加工模具，浇注得到标准与仿生吸盘实体。对标准吸盘与仿生吸盘进行了拉伸试验以及密封性试验，发现在40%的真空度下，仿生8号吸盘的吸附力最大，其最大吸附力比标准吸盘提高了5.32%。仿生8号吸盘的密封性最好，其泄漏量比标准吸盘减少了53.2%。采用高速摄像的方法拍摄了真空吸盘从吸附到受力被拉起时底面的变化情况，发现阻止吸盘向内收缩滑动以及吸盘内腔与外界大气相连通是提高吸盘吸附性能的关键。仿生吸盘底面与吸附面之间具有更大的摩擦力，可以更有效阻止吸盘向内收缩变形。条纹形凹槽结构可以为吸盘边缘向内收缩提供更多的空间，减缓吸盘边缘相互挤压发生隆起的程度，从而减少吸盘内腔与大气相连通的可能，使吸盘具有更强的吸附性能。

7.2 创新点

（1）首次分析并计算了鲍鱼吸附作用中各种吸附力占腹足总吸附力的比重，揭示了不同表面形态对鲍鱼腹足吸附力的影响。

（2）基于鲍鱼腹足表面形态设计了仿生吸盘，研究了不同仿生形态参数对吸盘吸附力的影响。

（3）搭建了真空吸盘吸附及密封性检验试验台，完成了标准与仿生吸盘的吸附及密封性能试验。

（4）基于吸盘从吸附到脱附过程中底面形态的变化，揭示了真空吸盘的吸附机理。

7.3 展望

由于时间与相关试验条件的限制，本研究中的一些问题需要进一步地探讨与分析。

（1）对鲍鱼腹足吸附力测量的试验次数需要进一步增加，加大试验数据量，从而避免试验中的相关偶然因素对鲍鱼腹足吸附造成的影响，进一步精确鲍鱼腹足吸附力的计算。选取与试验中的鲍鱼质量不在同一范围的鲍鱼进行相关试验，分析不同质量范围的鲍鱼腹足吸附力是否有规律可循。

（2）仿生吸盘的形态可以进一步设计，并对尺寸进行优化分析，找出其与吸盘尺寸之间的关系。

（3）为了试验方便，对标准与仿生吸盘的加工制造均未采用工业中大批量生产的加工工艺，因此需要采用实际生产工艺对吸盘进行加工制造以进一步验证吸盘的吸附能力，同时有利于仿生吸盘的推广使用。

参考文献

[1] 伊然.《中国智能制造"十三五"规划》发布：提出十大重点任务[J].工程机械，2017，48（1）：65.

[2] 推进格局形成 智能制造"十三五"规划发布[J].机械研究与应用，2016，29（6）：4.

[3] 工信部发布《智能制造"十三五"发展规划》[J].自动化博览，2016（12）：2.

[4] 本刊讯.智能制造"十三五"规划发布 明确我国智能制造"两步走"战略及十大重点任务[J].墙材革新与建筑节能，2016（12）：9.

[5] 周济.智能制造是"中国制造2025"主攻方向[J].企业观察家，2019（11）：54-55.

[6] 中国智能制造系统解决方案行业现状与发展前景[J].电器工业，2019（11）：41-45.

[7] 颜睿."中国制造2025"对机械设计制造及其自动化行业影响探讨[J].南方农机，2019，50（19）：119.

[8] 逯东，池毅.《中国制造2025》与企业转型升级研究[J].产业经济研究，2019（5）：77-88.

[9] 李金华.新工业革命进程中中国企业的创新活动测度与路径思考[J].中南财

经政法大学学报，2019（5）：31-42，158-159.

[10] 张永宽.全面应用自动化技术提升农业机械制造水平探究[J].南方农机，2018，49（20）：33.

[11] 白联强，宋仲康，王鹏.不同泄漏情况下真空吸盘内部流场仿真分析[J].机械工程师，2018（7）：33-35，38.

[12] 秦建华，邓晨韵，王敦球，等.基于有限元的不同布局方式对真空吸附装置的影响[J].桂林理工大学学报，2017，37（4）：713-717.

[13] 甄久军，杨战民，王晓勇，等.一种智能真空吸盘装置的设计[J].真空科学与技术学报，2017，37（11）：1038-1043.

[14] 张静，薛伟，梁允魁，等.真空吸附技术及其在工程机械装配中的应用[J].工程机械与维修，2015（S1）：302-305.

[15] 田萌.擦窗机器人助你告别擦窗困扰[J].大众用电，2019，34（5）：49.

[16] 韩云飞.玻璃幕墙清洗机器人的设计与研究[D].山东：青岛科技大学，2018.

[17] 唐建祥.高楼壁面清洗机器人的研究与设计[D].河北：河北工程大学，2017.

[18] 于剑昆Tepuflex聚氨酯混合物打造新型真空吸盘[J].塑料科技，2008，36（12）：59.

[19] 范增良.刚性真空吸盘拾取性能的研究[D].江苏：江南大学，2012.

[20] 赵维福.龙虱吸盘的仿生学特性及其真空吸盘组的仿真模拟研究[D].吉林：吉林大学，2006.

[21] Fukahori Y, Seki W. Molecular behaviour of elastomeric materials under large deformation: 1. Re-evaluation of the Mooney-Rivlin plot[J]. Polymer, 1992, 33（3）：502-508.

[22] 苗登雨，周新，张志伟，等.真空吸盘式多功能抓取装置的设计[J].包装与食品机械，2016，34（6）：39-42.

[23] 李雪梅，曾德怀，丁峰.真空吸盘的设计与应用[J].液压与气动，2004（3）：48-49.

[24] 王惠霄，张秀敏，M.R.Horgan.真空吸附技术[J].轻工机械，1998（4）：41-43.

[25] 韩建海，章琛.真空吸盘的设计及应用[J].机床与液压，1992（3）：143-146.

[26] 温州阿尔贝斯气动有限公司.一种真空吸盘：中国，201320436187.0[P].2013-07-22.

[27] 温州阿尔贝斯气动有限公司.一种真空吸盘：中国，201320436015.3[P].2013-07-22.

[28] 赵艳妮.多唇边式真空吸盘的设计研究[D].云南：昆明理工大学，2009.

[29] 赵艳妮，孙东明，许平，等.多唇边式真空吸盘的设计[J].真空，2008（6）：47-49.

[30] BHUSHAN B. Biomimetics：Lessons from Nature – an overview[J]. Philosophical Transactions of the Royal Society A：Mathematical, Physical and Engineering Sciences，2009，367（1893）：1445-1486.

[31] 孟相光.结构仿生学在工程机械结构设计中的应用研究[D].河北：石家庄铁道大学，2013.

[32] 刘福林.仿生学发展过程的分析[J].安徽农业科学，2007（15）：4404-4405，4408.

[33] 孙久荣，戴振东.仿生学的现状和未来[J].生物物理学报，2007（2）：109-115.

[34] 蓝蓝，房岩，纪丁琪，等.仿生学应用进展与展望[J].科技传播，2019，11（22）：149-150，153.

[35] 宦茜玺.我国仿生学的产业应用研究综述[J].现代商业，2019（9）：49-50.

[36] 杜鹏东.仿生学及生物力学研究综述[J].林业机械与木工设备，2013，41（9）：17-21.

[37] 岑海堂，陈五一.仿生学概念及其演变[J].机械设计，2007（7）：1-2，66.

[38] 王永鑫，张昌明，申琪，等.浅谈减阻耐磨仿生结构研究的发展[J].机电信息，2019（15）：158-159.

[39] 孙培培，李雯，胡文颖.仿生学在航空发动机领域的应用[J].航空动力，2018（5）：12-15.

[40] 季祥.工程仿生在农业机械减阻技术的应用[J].吉林农业，2016（23）：46.

[41] 马付良，曾志翔，高义民，等.仿生表面减阻的研究现状与进展[J].中国表面工程，2016，29（1）：7-15.

[42] WALSH M J.Drag characteristics of V-groove and transverse curvature riblets[J].AIAA，1980，72：168-184.

[43] WALSH M J.Riblets as a viscous drag reduction technique[J].AIAA Journal，1983，21（4）：485-486.

[44] 韩鑫，张德远，李翔，等.大面积鲨鱼皮复制制备仿生减阻表面研究[J].科学通报，2008，53（7）：838-842.

[45] 韩鑫，张德远.鲨鱼皮微电铸复制工艺研究[J].农业机械学报，2011，42（1）：229-234.

[46] BIXLER G D，BHUSHAN B.Bioinspired rice leaf and butterfly wing surface structures combining shark skin and lotus effects[J].Soft Matter，2012，8（44）：12139-12143.

[47] 刘宝胜，吴为，曾元松.鲨鱼皮仿生结构应用及制造技术综述[J].塑性工程学报，2014，21（4）：56-62.

[48] 九大仿生应用：翠鸟嘴巴帮日本新干线降噪[J].科技传播，2011（17）：25-27.

[49] 陈仕洪.仿生表面织构对高速列车空气摩擦噪声影响的研究[D].浙江：浙江大学，2014.

[50] 朱曦.来自大自然的灵感[J].跨世纪（时文博览），2008（12）：63-64.

[51] 赵怀瑞.高速列车外形多学科设计优化关键技术研究[D].北京：北京交通大学，2012.

[52] 熙鹏，丛茜，汝绍锋，等.仿生通孔形活塞裙部耐磨性能研究[J].表面技术，2018，47（9）：86-92.

[53] 杨晓滨.内燃机活塞环表面耐磨密封仿生结构设计与试验研究[D].吉林：吉林大学，2018.

[54] 吴波，丛茜，杨利，等.具有仿生条纹结构的内燃机活塞疲劳特性回归分析[J].农业工程学报，2016，32（4）：48-55.

[55] 吴波.内燃机活塞裙部减磨降阻仿生形态设计与研究[D].吉林：吉林大学，2015.

[56] 吴波，丛茜，熙鹏.带有仿生凹槽结构的活塞裙部优化设计[J].机械设计与制造，2015（6）：34-37.

[57] 滕凤明.水泥辊压机磨辊表面形态设计及其耐磨性与破碎性研究[D].吉林：吉林大学，2014.

[58] 王庆波.仿生横纹形水泥磨辊磨损试验及耐磨机理分析[D].吉林：吉林大学，2013.

[59] 郭龙飞.仿生堆焊磨辊高冲击力磨料磨损性能的研究[D].吉林大学，2012.

[60] 刘合，杨清海，裴晓含，等.石油工程仿生学应用现状及展望[J].石油学报，2016，37（2）：273-279.

[61] 刘兆芝.2008年国外石油科技十大进展之一："血小板"技术解决油气田集输管道泄漏定位与修复难题[J].特种油气藏，2009，16（1）：70.

[62] Shi Bairu, Pei Xiaohan, Wei Songbo, et al.Application of bionic non-smooth theory in solid expandable tubular technology[J].Applied Mechanics and Materials，2014，461：476-481.

[63] 刘合.石油工程仿生学的发展[J].科技导报，2018，36（7）：1.

[64] 王兵.小型无人机旋翼的仿生降噪[D].安徽：中国科学技术大学，2018.

[65] 王兵.基于猫头鹰翅膀特征的旋翼叶片仿生设计[C].中国力学学会、北京理工大学.中国力学大会-2017暨庆祝中国力学学会成立60周年大会论文集（B）.中国力学学会、北京理工大学：中国力学学会，2017：930-937.

[66] 谭远.生物成因纤维状文石集合体的结构表征及其仿生制备[D].广西：广西大学，2016.

[67] 刘睿.仿生贝壳珍珠质材料的制备[D].浙江：浙江大学，2012.

[68] 黄强.纳米二氧化硅贻贝仿生功能化及环境应用研究[D].江西：南昌大学，2018.

[69] 李秋.骨仿生自修复水泥基材料设计、制备与性能研究[C].中国硅酸盐学会水泥分会.中国硅酸盐学会水泥分会第七届学术年会论文摘要集.中国硅酸盐学会水泥分会：中国硅酸盐学会，2018：88.

[70] BARNES W，JON P. Functional Morphology and Design Constraints of Smooth Adhesive Pads[J]. MRS Bulletin，2007，32（6）：479-485.

[71] FEDERLE W, BARNES W, BAUMGARTNER W, et al. Wet but not slippery: Boundary friction in tree frog adhesive toe pads[J]. Journal of the Royal Society Interface, 2006, 3(10): 689-697.

[72] MAZZOLAI B, MARGHERI L, CIANCHETTI M, et al. Soft-robotic arm inspired by the octopus: II. from artificial requirements to innovative technological solutions[J]. Bioinspiration and Biomimetics, 2012, 7(2): 025005.

[73] MATHER J, KUBA M. The cephalopod specialties: omplex nervous system, learning, and cognition[J]. Canadian Journal of Zoology, 2013, 91(6): 431-449.

[74] TRAMACERE F, APPEL E, MAZZOLAI B, et al. Hairy suckers: The surface microstructure and its possible functional significance in the octopus vulgaris sucker[J]. Beilstein Journal of Nanotechnology, 2014, 5(1): 561-565.

[75] TRAMACERE F, PUGNO N, KUBA M, et al. Unveiling the morphology of the acetabulum in octopus suckers and its role in attachment[J]. Interface Focus, 2014, 5(1): 1-5.

[76] TRAMACERE F, BECCAI L, KUBA M, et al. The Morphology and Adhesion Mechanism of Octopus Vulgaris Suckers[J]. PLoS One, 2013, 8(6): e65074.

[77] TRAMACERE F, KOVALEV A, KLEINTEICH T, et al. Structure and mechanical properties of Octopus vulgaris suckers[J]. Journal of the Royal Society Interface, 2014, 11: 20130816.

[78] TRAMACERE F, BECCAI L, SINIBALDI E, et al. Adhesion mechanisms inspired by octopus suckers[J]. Procedia Computer Science, 2011, 7: 192-193.

[79] HOUSCHYAR K, MOMENI A, MAAN Z, et al. Medical leech therapy in plastic reconstructive surgeryBlutegeltherapie in der plastischen rekonstruktiven Chirurgie[J]. Wiener Medizinische Wochenschrift, 2015, 165(19-20): 419-425.

[80] CLAFLIN S, PIEN C, RANGEL E, et al. Effects of feeding on medicinal leech swimming performance[J]. Journal of Zoology, 2009, 277(3): 241-247.

[81] TEUT M, WARNING A. Blutegel, phytotherapie und physiotherapie bei gonarthrose – Eine geriatrische fallstudie[J]. Forsch Komplementarmed, 2008, 15 (5): 269-272.

[82] KAMPOWSKI T, EBERHARD L, GALLENMÜLLER F, et al. Functional morphology of suction discs and attachment performance of the Mediterranean medicinal leech (Hirudo verbana Carena) J. R. Soc[J]. Interface, 2016, 13: 20160096.

[83] DITSCHE P, WAINWRIGHT D, SUMMERS A. Attachment to challenging substrates – fouling, roughness and limits of adhesion in the northern clingfish (Gobiesox maeandricus) [J]. Journal of Experimental Biology, 2014, 217 (14): 2548-2554.

[84] CHUANG Y, CHANG H, LIU G, et al. Climbing upstream: Multi-scale structural characterization and underwater adhesion of the Pulin river loach (Sinogastromyzon puliensis) [J]. Journal of the Mechanical Behavior of Biomedical Materials, 2017, 73: 76-85.

[85] DITSCHE P, SUMMERS A. Aquatic versus terrestrial attachment: Water makes a difference[J]. Beilstein Journal of Nanotechnology, 2014, 5 (1): 2424-2439.

[86] MAIE T, SCHOENFUSS H, BLOB R. Musculoskeletal determinants of pelvic sucker function in hawaiian stream gobiid fishes: Interspecific comparisons and allometric scaling[J]. J Morphol, 2013, 274 (7): 733-742.

[87] MAIE T, SCHOENFUSS H, BLOB R. Performance and scaling of a novel locomotor structure: adhesive capacity of climbing gobiid fishes[J]. Journal of Morphology, 2012, 215 (22): 3925-3936.

[88] ZOU J, WANG J, JI C. The adhesive system and anisotropic shear force of guizhou gastromyzontidae[J]. Scientific Reports, 2016, 6: 37221.

[89] FULCHER B A, MOTTA P J. Suction disk performance of echeneid fishes[J]. Canadian Journal of Zoology, 2006, 84 (1): 42-50.

[90] BECKERT M, FLAMMANG B E, NADLER J H. Remora fish suction pad attachment is enhanced by spinule friction[J]. Journal of Experimental

Biology，2015，218（22）：3551-3558.

[91] NADLER J H，MERCER A J，CULLER M，et al. Structures and Function of Remora Adhesion[J]. MRS Proceedings，2013，1498（1）：396-402.

[92] TRAMACERE F，BECCAI L，MEMBER. Artificial Adhesion Mechanisms Inspired by Octopus Suckers[C]. Proceedings – IEEE International Conference on Robotics and Automation. RiverCentre，Saint Paul，Minnesota，USA，2012.

[93] TRAMACERE F，FOLLADOR M，PUGNO N M，et al. Octopus-like suction cups：from natural to artificial solutions[J]. Bioinspiration and Biomimetics，2015，10（3）：035004.

[94] HOU J P，WRIGHT E，BONSER R H C，et al. Development of Biomimetic Squid-Inspired Suckers[J]. Journal of Bionic Engineering，2012，9（4）：484-493.

[95] WANG Y，YANG X B，CHEN Y F，et al. A biorobotic adhesive disc for underwater hitchhiking inspired by the remora suckerfish[J]. Science Robotics，2017，2（10）：eaan8072.

[96] 程毅，杜萌萌.鲍鱼养殖技术[J].农业工程技术，2016，36（14）：72.

[97] 柯才焕.我国鲍鱼养殖产业现状与展望[J].中国水产，2013（1）：27-30.

[98] 刘孝华.鲍鱼生物学特性及人工养殖技术[J].安徽农业科学，2009，37（13）：5872-5874.

[99] LIU X H. Biological characteristics and artificial culture of abalone[J]. Journal of Anhui Agricultural Sciences，2009，37（13）：5872-5874（in Chinese）.

[100] 沈明峰.西盘鲍与皱纹盘鲍渔排养殖对比试验[J].海洋与渔业，2016（6）：66-67.

[101] 张璐，李静，魏万权，等.鲍的生物学特征及主要养殖方式和病害防治技术[J].齐鲁渔业，2004（11）：1-3.

[102] 张亚琦.鲍鱼的物性学研究及加工工艺探讨[D].山东：中国海洋大学，2008.

[103] 孙琳.鲍鱼高吸附性能研究及仿生吸盘设计[D].吉林：吉林大学，2017.

[104] Xi P, Xu J, Sun L, et al. Surface Movement Mechanism of Abalone and Underwater Adsorbability of its Abdominal Foot[J]. Bioinspired Biomimetic & Nanobiomaterials, 2019: 1-11.

[105] 聂宗庆, 王素平. 鲍科学养殖百问百答[M]. 北京: 中国农业出版社, 2011.

[106] 林位琅, 林光文, 黄洪龙, 等. 2018年鲍养殖分析[J]. 科学养鱼, 2019 (6): 1-3.

[107] 程毅, 杜萌萌. 鲍鱼养殖技术[J]. 农业工程技术, 2016, 36 (14): 72.

[108] 吴欢欢, 黄倩雯, 熊夏玲, 等. 鲍鱼养殖技术[J]. 现代农业科技, 2014 (17): 298-301.

[109] 吴立新, 陈方玉. 现代扫描电镜的发展及其在材料科学中的应用[J]. 武钢技术, 2005, (6): 36-40.

[110] 张朝佑, 王秀茹. 扫描电镜在医学生物学中的应用[J]. 广州解剖学通报, 1990, (2): 194-198.

[111] 李娜, 石和荣, 李海云, 等. 杂色鲍足的显微与超微结构[J]. 动物学报, 2006 (5): 966-970.

[112] 马虹, 徐娜, 时军波, 等. 扫描电镜样品制备及图像质量影响因素分析[J]. 科技创新导报, 2019, 16 (26): 103-104.

[113] 余凌竹, 鲁建. 扫描电镜的基本原理及应用[J]. 实验科学与技术, 2019, 17 (5): 85-93.

[114] 胡春辉, 徐青, 孙璇, 等. 几种典型扫描电镜生物样本制备[J]. 湖北农业科学, 2016, 55 (20): 5389-5392, 5402.

[115] 杨彩婷. 水生动物冷冻扫描电镜技术研究[D]. 上海: 华东师范大学, 2015.

[116] 杨瑞, 张玲娜, 范敬伟, 等. 昆虫材料扫描电镜样品制备技术[J]. 北京农学院学报, 2014, 29 (4): 33-35, 64.

[117] 肖媛, 刘伟, 汪艳, 等. 生物样品的扫描电镜制样干燥方法[J]. 实验室研究与探索, 2013, 32 (5): 45-53, 172.

[118] 王醒东, 张立永, 夏芳敏, 等. 扫描电镜样品的制备技术[J]. 广州化工, 2013, 41 (1): 46-47, 67.

[119] 李培京.扫描电镜生物样品制备与观察[J].现代科学仪器，2008（3）：124-125.

[120] 徐柏森，冯汀，刘刚.扫描电镜生物样品的快速制备方法研究[J].中国野生植物资源，2000（6）：47-48，51.

[121] 李向党.一种快速简便的扫描电镜样品制备法[C].中国电子显微镜学会.第十次全国电子显微学会议论文集（Ⅰ）.中国电子显微镜学会：中国电子显微镜学会，1998：31-32.

[122] 王丽，李向印，陈宝宣，等.蝶蛾翅的扫描电镜样品制备方法[J].生物学通报，1997（11）：39.

[123] 孙晓白.淡水藻类扫描电镜样品制备法[C].中国电子显微镜学会.第六次全国电子显微学会议论文摘要集.中国电子显微镜学会：中国电子显微镜学会，1990：63.

[124] Li J, Zhang Y, Liu S, et al. Insights into adhesion of abalone: a mechanical approach. Journal of the Mechanical Behavior of Biomedical Materials, 2018, 77: 331-336.

[125] Lin AYM, Brunner R, Chen P Y, Talke FE and Meyers MA. Underwater adhesion of abalone: the role of van der Waals and capillary forces. Acta Materialia, 2009, 57（14）：4178-4185.

[126] 邵金辉，张敏，唐一通，等.活性玫红染料对组织切片染色的观察[J].生物技术，2019，29（6）：562-565，592.

[127] 刘承英，赵燕，刘娟.斑马鱼石蜡组织切片技术的优化[J].安徽农学通报，2019，25（9）：67-68.

[128] 温蕾，陈肇源，陈桂霞，等.石蜡切片的制作及其免疫组化染色技术[J].畜牧兽医科技信息，2018（5）：36.

[129] 张晖，张晔，周郦楠.浅谈两种常用组织切片技术[J].中国冶金工业医学杂志，2012，29（5）：593-594.

[130] 程礼敏，吴敏，姚建设，等.心肌切片的苏木精-伊红染色制作方法探讨[J].齐齐哈尔医学院学报，2016，37（7）：919-921.

[131] 王昌河，谢振丽，吕建伟.动物组织石蜡切片H-E染色的快速方法[J].生物学通报，2012，47（7）：50-51.

[132] 杨习志.人类对真空认识的发展与变革[J].中学物理教学参考,2018,47（Z1）:51-54.

[133] 许弟余.马德堡半球实验到底是多少匹马[J].物理教学探讨,2004(12):55.

[134] 马民.毛细现象的力学解释[J].阴山学刊,2000（6）:94-95.

[135] 高世桥,刘海鹏,等.毛细力学[M].北京：科学出版社,2010.

[136] 周向玲.浸润及毛细现象的能量来源[J].河南师范大学学报（自然科学版）,2001（3）:118-119.

[137] 关丽,赵力,高萍.浸润与不浸润现象探析[J].通化师范学院学报,1999（5）:24-26.

[138] 朱元海,匡洞庭,王签.关于"毛细现象的能量来源"的表面热力学讨论[J].大学物理,1998（9）:20-23.

[139] 郭子成,罗青枝,荣杰.润湿现象和毛细现象的热力学描述[J].大学物理,2000（6）:19-21.

[140] 张昭,刘奉银,齐吉琳,等.考虑固-液接触角影响的粗颗粒间液桥毛细力计算方法[J].水利学报,2016,47（9）:1197-1207.

[141] 周丹洋.颗粒离散元法静态液桥力的近似计算与实验结果对比[C].北京力学会、北京振动工程学会.北京力学会第21届学术年会暨北京振动工程学会第22届学术年会论文集.北京力学会、北京振动工程学会：北京力学会,2015:840-842.

[142] 刘建林,李广帅,聂志欣.轴对称液桥的形貌与液桥力[J].西华大学学报（自然科学版）,2010,29（3）:1-5.

[143] 王振.Young-Laplace方程的解析解[C].中国力学学会流体力学专业委员会.2019年全国工业流体力学会议摘要集.中国力学学会流体力学专业委员会：北京航空航天大学陆士嘉实验室,2019:61.

[144] 冀盼.Young-Laplace方程的参数解析解[D].辽宁：大连理工大学,2019.

[145] 高蔷,闵义,刘承军,等.利用Young-Laplace算法程序计算液体表面张力[J].科学技术与工程,2017,17（24）:20-25.

[146] 张茂林,梅海燕,李闽,等.Young-Laplace方程推导的新方法及应用[J].西南石油学院学报,2002（5）:43-45,2.

[147] 花书贵,季姣,单靖舒,等.大学基础化学教学中分子间作用力与范德

华力的概念辨析[J].大学化学，2019，34（1）：104-107.

[148]季佳圆.分子间范德华力对物质粘弹性的影响研究[D].江苏：东南大学，2018.

[149]张雨晨.范德华力主导下仿生阵列粘附和薄膜失稳问题的研究[D].中国科学技术大学，2016.

[150]Yang L，Bai K .Capillary and van der Waals force between microparticles with different sizes in humid air[J].Journal of Adhesion Science and Technology, 2016.DOI:10.1080/01694243.2015.1111834.

[151]沈丹妮.基于范德华力的仿壁虎机器人在模拟空间环境下的黏附和运动仿真研究[D].江苏：南京航空航天大学，2016.

[152]齐红涛，赵河林，王磊.分子间作用力相关概念及其教学分析[J].化学教育，2014，35（23）：13-17.

[153]希文.范德华力首次被直接测量[N].中国航空报，2013-07-30（004）.

[154]刘霞.法科学家首次直接测量范德华力[N].科技日报，2013-07-10（001）.

[155]Carrasco J，Klimes J，Michaelides A .The role of van der Waals forces in water adsorption on metals[J].The Journal of Chemical Physics, 2013, 138(2):024708-.DOI:10.1063/1.4773901.

[156]张文彤.SPSS统计分析基础教程[M].北京：高等教育出版社，2017.

[157]杜强.SPSS统计分析从入门到精通[M].北京：人民邮电出版社，2009.

[158]黄建龙，解广娟，刘正伟.基于Mooney-Rivlin和Yeoh模型的超弹性橡胶材料有限元分析[J].橡塑技术与装备，2008，34（12）：22-26.

[159]Dai H H. Model equations for nonlinear dispersive waves in a compressible Mooney-Rivlin rod[J]. Acta Mechanica, 1998, 127（1-4）: 193-207.

[160]Wang W, Deng T, ZHAO S. Determination for Material Constants of Rubber Mooney-Rivlin Model [J]. Special Purpose Rubber Products, 2004, 4：003.